目录

梁祝化身——玉带凤蝶

玉带凤蝶是凤蝶科的一种昆虫，主要分布在亚洲、欧洲。玉带凤蝶特别喜欢花，如马缨丹、龙船花、茉莉花等。它们主要寄生在木兰科植物和芸香科植物上，常在市区、山麓、林缘和花圃等区域出没。玉带凤蝶是一种对农业有害的昆虫，所以果园工作人员会经常注意对它们的防治。

有趣的形态

玉带凤蝶的雌蝶与雄蝶有不同的形态特征。雄蝶只有一个形态，雌蝶因为自身斑纹的变化比较大，所以有多个形态。

美丽的化身

传说梁祝最后幻化为玉带凤蝶,甚至有"读书人去剩荒台,岁岁春风长野苔。山上桃花红似火,一双蝴蝶又飞来"这样的诗词对其进行描绘。

触角呈棒状。

头较大,复眼呈黑褐色。

全身以黑色为主。

广泛分布

玉带凤蝶的分布范围遍及亚洲和欧洲,它们在亚洲的巴基斯坦、印度、尼泊尔、斯里兰卡、中国等国家很常见,欧洲的俄罗斯也有它们的活动轨迹。

🍃 小档案

名称:玉带凤蝶。

分类:凤蝶科。

分布:亚洲、欧洲。

生活环境:市区、山麓、林缘和花圃等区域。

银色丽人——银纹袖蝶

银纹袖蝶翅膀狭窄，触角较长，腹部细长。翅展 60 ~ 100 mm。因体内含有毒素，故又称毒蝶，也有学者将其归入蛱蝶科，称纯蛱蝶。听它的名字仿佛是一个俏丽的银色美人，但是要小心，它可是有毒的。

 ## 惹人怜爱

银纹袖蝶很美，薄翼略有些透明，翅膀上还有些纤细精巧的细花纹，花纹交错排布，十分精致。人们往往会被它的精致的美吸引住。

破茧而出

银纹袖蝶破茧而出，从微小的蛹成为绚丽的银色蝴蝶。它在空中飞舞，虽然整体有了改变，但身体还是幼虫时的模样。即便如此，它也可以为自己骄傲。因为它经历了重生，从死亡的躯壳里诞生了新的身体，已成为一只坚强又美丽的蝴蝶。

美丽生物

　　奇异的银纹袖蝶，远远看去像倒挂在树上的一片枯叶。不过，如果你真的把它当成一片树叶伸手去摘，它一定会飞起来。小小的银纹袖蝶，朝吸花液，夕眠花丛，它翅上的银粉，一日灿过一日，有时它绕着花枝跳舞，翅膀在太阳照射下闪闪发光，犹如珍珠的光辉。

小档案

名称：银纹袖蝶。

分类：鳞翅目蛱蝶科。

分布：主要分布在南美洲，少数分布在美国南部。

食性：植食。

特征：翅膀上有银色斑纹。

两副面孔——黑带二尾舟蛾

黑带二尾舟蛾隶属于鳞翅目舟蛾科，它的幼虫既可爱又吓人，那肉嘟嘟、圆滚滚的身体，还有着斑斓上翘的双尾让人觉得十分可爱，但千万别被这些的表象迷惑，只要仔细观察，很可能会被它狰狞的"面孔"吓出汗来。

繁殖特征

吉林四平地区的黑带二尾舟蛾一年可以生产两次。5月中旬，越冬的幼虫会完成羽化、交尾和产卵，6月进行孵化。第一代幼虫在7月便会完成从虫到蛾的转变，并在7月下旬产卵孵化第二代幼虫。第二代黑带二尾舟蛾的生命周期会比第一代长很多，还会在接下来的一个月内结茧化蛹，度过寒冬。

强大的幼虫

黑带二尾舟蛾幼虫有着极强的生命力,孵化3个小时后它就可以吃叶子了。幼虫的身体会由黑紫色变为青绿色,等它长大时,就由青绿色变为紫红色了。

奇特的卵

黑带二尾舟蛾的卵十分神奇,能够变色。卵初期呈淡绿色,慢慢变为粉白色,接着变成红褐色。大概6天后,卵由红褐色转成粉褐色,并且卵中间会出现一个小黑点,那便是即将孵化的幼虫。成虫通常将卵散布在叶面和小枝上,以便幼虫孵化后觅食。

小档案

名称:黑带二尾舟蛾。

分类:鳞翅目舟蛾科。

分布:中国东北地区,日本,朝鲜,欧洲,非洲北部等。

生活环境:树木上。

特征:身体侧面有一排白色的斑点。

长途旅行家——黑脉金斑蝶

黑脉金斑蝶是美洲非常著名的蝴蝶种类之一，黑脉金斑蝶的翅膀呈鲜艳的橘黄色，黑、白、橘三色相间在昆虫界有一种特殊的含义，那就是"小心，我有毒"。黑脉金斑蝶还是喜欢冬眠的蝴蝶，每当天气变冷的时候，它们就会迁徙到树林中冬眠。

 吃毒药的蝴蝶

黑脉金斑蝶的主要食物是有毒的马利筋属植物，它们不仅能够抵御这类植物的毒素，还会将毒素储存在体内来防止被天敌捕食。

漂亮的"童年"时期

黑脉金斑蝶的"童年"时期也非常漂亮。它们的卵呈半透明的奶白色半球形，上面还有规则的竖纹。幼虫则通体被黑、白、黄三色条纹覆盖，非常漂亮。

黑脉金斑蝶的触角细长，是前翅长度的三分之一。

黑脉金斑蝶的翅展为 8 ~ 12 cm。

黑脉金斑蝶的翅膀背面有眼斑，但眼斑上无毛。

黑脉金斑蝶的雄蝶体形比雌蝶大，但翅脉比雌蝶细。

长途旅行

黑脉金斑蝶会像候鸟一样，每年进行一次长距离的迁徙。它们有三条非常固定的迁徙路线。

小档案

名称：黑脉金斑蝶。

分类：鳞翅目蛱蝶科。

分布：北美洲南部、中美洲、南美洲北部、大洋洲。

生活环境：树林中。

特征：翅膀中心呈橘色，边缘呈黑色，边缘上散布不规则白色斑点。

闪耀蓝宝石——大蓝闪蝶

大蓝闪蝶是蓝闪蝶的指名亚种，也是整个闪蝶属中最大的一种蝴蝶。它的翅展足有 15 cm 长，与其他闪蝶属蝴蝶一样，它的翅膀在阳光照射下会映射出美丽的光。每当一群大蓝闪蝶在阳光下起舞的时候，它们的翅膀就会折射出非常绚丽的金属光泽，因此大蓝闪蝶也被称为"蓝色幻影"。它还会通过快速飞行的方式让翅膀不断闪光，从而吓退天敌。

华丽与低调

雄性大蓝闪蝶的翅膀正面有着非常绚丽的金属蓝色，但翅膀背面却是斑驳的棕色，合上翅膀后就能模拟树叶，以防被天敌发现。

大蓝闪蝶的翅膀不但很大，还非常灵活，能够快速扇动。

与其他闪蝶属蝴蝶一样，大蓝闪蝶也只有雄性才拥有蓝色翅膀。

小档案

名称：大蓝闪蝶。

分类：鳞翅目蛱蝶科。

分布：中美洲和南美洲。

生活环境：树林中。

特征：翅膀呈蓝色。

特殊的飞行方式

由于翅膀上的金属光泽过于耀眼，大蓝闪蝶在飞行时很容易被天敌发现。为此，大蓝闪蝶进化出了与其他蝴蝶不同的飞行方式：它们的翅膀正面每隔一段时间才会面对阳光一次，而且速度非常快。

巴西国蝶

大蓝闪蝶主要生活在中美洲和南美洲的丛林之中，这种绚丽的蝴蝶深受当地人的喜爱。巴西甚至还将大蓝闪蝶当作"国蝶"。

濒危蝴蝶——美洲蓝凤蝶

美洲蓝凤蝶属于鳞翅目凤蝶科，身体后面的翅膀上有着美丽而奇妙的蓝色花纹，发出金属般的光泽，十分引人注目。而且，蓝凤蝶翅膀上有不同形状的鳞片，经过阳光的照耀，会散发出美丽的光泽。它前面的足已经退化，十分短小，没有爪子。它主要吃马兜铃的叶片和其他植物，生活在北美洲。

鳞片艳丽

雄蝶的后翅闪光的原因是翅膀上密布着含有多种不同颜色的鳞片，鳞片上色彩多种多样，产生的闪光也更强。

飞翔敏捷

美洲蓝凤蝶行动敏捷，它"乱飞"的好处不仅在于干扰捕猎者的预判，还能让捕猎者难以近身。

翅膀华丽，翅膀
展开为 7.5 ~ 11 cm。

触角细长。

腹部有白色
的斑点。

翅膀正面有闪
亮的、金属般的蓝
色光泽。

濒危物种

　　美洲蓝凤蝶在白天活动，闪闪发光，美轮美
奂，在北美洲大部分地区出没。正因它如此美丽
动人，一直以来是蝴蝶收藏家梦寐以求的珍贵蝴
蝶，所以被人类大量捕捉，数量越来越少。

小档案

名称：美洲蓝凤蝶。

分类：凤蝶科凤蝶属。

分布：北美洲。

食性：植食。

特征：后翅上有绚丽的
金属般光泽，具有一排
眼状斑纹。

黑白佳人——斑马蝴蝶

斑马蝴蝶因它身上的花纹像斑马身上的花纹而得名。它主要分布在美洲，在亚马孙河流域数量最多，少部分分布在中国。大多数斑马蝴蝶为黑白色相间，身上有许多条纹，变化较丰富，翅膀和身体上有各种花斑，像极了斑马身上的黑白条纹。

养殖采集

从野外采集来的优质斑马蝴蝶的幼虫、成虫、卵和蛹均可移入室内饲养。斑马蝴蝶饲养室通常采用木制或竹制，用 16 ～ 18 目的铜纱、铁纱或尼龙纱盖笼室，以防其外逃，如采用笼高180 ～ 200 cm 的养虫笼。饲养斑马蝴蝶要经卵、幼虫、蛹、成虫四个阶段，各阶段形态和习性完全不同，饲养方法也各不相同，要注意这一点。

小档案

名称：斑马蝴蝶。

分类：鳞翅目蛱蝶科。

分布：美洲、亚洲的中国。

食性：植食。

特征：翅膀上的鳞片不仅能使它的颜色成为黑白色，还像是它的一件雨衣。

幼虫过冬

　　大部分的斑马蝴蝶幼虫在冬天都直接钻到土里并停止进食，这样即使下了雪也冻不死它们。它们是筑巢的高手，刚从卵里出来不久，它们就会用丝线一点点地把叶片两端拉紧，叶片就变成了一个卷起来的叶筒，斑马蝴蝶会一直住在里面忍受寒冬，直到春暖花开。

黑白佳人

　　斑马蝴蝶的翅膀就像飞机的两翼，可使自身利用气流向前飞行。这对黑白相间的美丽翅膀除了给人视觉上的满足，更主要的功能是隐藏、伪装和吸引配偶。

大型蝴蝶——文蛱蝶

文蛱蝶是一种大型蝴蝶，多分布于缅甸、孟加拉国、中国等国家。它们生活在野外，上午的时候常见它们的身影，因为它们有晒太阳的习惯。它们休息时，偶尔停留在阴暗潮湿的角落或灌木草丛下，一般喜欢集聚在植物上。

主要食物

大部分文蛱蝶喜欢吸食花蜜，有些还会吸食特定植物的花蜜。它们特别喜欢吸食马缨丹花的花蜜，水果的汁水同样也是它们的喜好。

聚集性昆虫

文蛱蝶在山间道路旁很难见到，多数是人工养殖的。它们的领地意识很强，在天气炎热的时候，一般在潮湿的地方喝一些污水。而在比较低洼的开阔河滩上，有时可见许许多多的文蛱蝶群集一处，聚集在一起，十分壮观。

文蛱蝶属于大型蝴蝶，它的翅膀很长。

雌雄异形

雄性文蛱蝶与雌性文蛱蝶外观有很大区别。雄性文蛱蝶的翅膀正面是黄色，边缘带有黑色波状条纹；而雌性文蛱蝶多为青灰色，大片白色覆盖在翅膀上。

🍃 小档案

名称：文蛱蝶。

分类：蛱蝶科蛱蝶属。

分布：缅甸、孟加拉国、中国等国家。

食性：植食。

特征：雄性文蛱蝶呈黄色，边缘有黑色波状条纹；雌性文蛱蝶呈青灰色，大片白色泛布其中。

19

森林绿皇后——绿带翠凤蝶

绿带翠属于鳞翅目凤蝶科。分布于中国、韩国、日本等地。翅膀呈黑色，全翅布满了金绿色的鳞片，特别耀眼。由于美丽的外形，绿带翠凤蝶成了蝶类收藏家们喜爱收藏的蝶种之一，并被冠以"皇后蝶"或"森林绿皇后"的美称。

脆弱的羽化期

绿带翠凤蝶成虫在羽化期间不能被触碰，否则，羽化就会失败，甚至造成虫体的残疾。想要看到绿带翠凤蝶展翅飞翔的美丽画面，你需要耐心等待 2 ~ 3 小时。

翅反面色调较淡，后翅外缘红斑特别清晰，蓝绿色横带消失。

🦋 季节性的变身王

　　绿带翠凤蝶在春季和夏季的体形有较大的差异，堪称"变身王"。春季的雌、雄蝶都比夏季的小。值得注意的是，夏季的成虫有艳丽的色彩，格外引人注目。

前翅有绿色带纹。

🦋 不同的生活习性

　　绿带翠凤蝶经常沿着山路飞行，在溪边或山路湿地处常常能遇见雄性绿带翠凤蝶成群活动；而雌性绿带翠凤蝶喜欢吸食各种花蜜，所以常常出现在花朵上。

后翅臀角有圆形红斑。

尾突中有一条蓝色线。

红色天使——红目天蚕蛾

红目天蚕蛾属于鳞翅目天蚕蛾科，主要生活在热带地区。它体形大，翅色鲜艳，翅中各有一圆形眼斑，后翅肩角发达，有些红目天蚕蛾的后翅上有燕尾。

闻味而来

红目天蚕蛾成虫口器退化，多不取食。雄蛾的羽状触角可以探测远方雌蛾的气味。幼虫体形较大，通常呈绿色，多有鲜艳的瘤和刺等，主要吃树叶。

🦋 生活习性

它的头上晃着两条弯而长的触角，它停下来时会收起翅膀。

翅中央常有一眼斑。

前翅前缘灰褐色，内线及外线呈棕黑色波状纹。

🦋 药用价值

红目天蚕蛾曾被用于进行杂交和变异等遗传学研究，如研究激素对变态和休眠的控制等。

🍃 小档案

名称：红目天蚕蛾。

分类：鳞翅目天蚕蛾科。

分布：中国大部分地区。

特征：翅中央有一个眼斑。

红色达人——红线蛱蝶

红线蛱蝶属于蛱蝶科，它的翅呈黑褐色，斑纹呈白色。和其他蝴蝶相比，红线蛱蝶翅膀腹面更加暗淡，这会让有些物种将它们误认为枯叶，从而产生迷惑敌人的效果。

前足退化

成虫的前足退化，只能用中、后足爬行。幼虫的毛很多且多刺，用以保护其头部，且结蛹时，上面会有发亮的斑点。

四足蝶

红线蛱蝶的特征为前足退化，通常多毛，状似毛刷。它们有六只足，但另外两只已经退化，常被误以为只有四只足，所以又名四足蝶。

小档案

名称：红线蛱蝶。

分类：鳞翅目蛱蝶科。

分布：中国。

食性：植食。

特征：：翅膀中有一排横向分布的白斑。

 ## 食性

红线蛱蝶的幼虫摄食水麻、木苎麻、冷清草、水鸡油等荨麻科的植物；成虫喜爱吸食水果汁液。

金色花朵——金凤蝶

金凤蝶又名胡萝卜凤蝶。它体态优雅华贵，翅膀颜色鲜艳美丽。它有"会飞的花朵""昆虫美术家"等多个称号。它的主要食物是茴香、胡萝卜、芹菜的花蕾、嫩叶和嫩芽。它的外表颜色由白色、蓝色、金黄色等多种颜色构成，有光泽，具有很高的观赏价值。

 危害农作物

金凤蝶主要以茴香、胡萝卜、芹菜等蔬菜为食，对农作物危害很大。在金凤蝶的幼虫出生时，可在受害叶附近把其寻找出来并杀死。或者在入冬后，铲除田间及周围的寄主和其他杂草，以减少金凤蝶幼虫的入侵。

金色花朵

凡是爱搜集蝴蝶的人，都盼望着捉到美丽的金凤蝶。金凤蝶的模样与众不同。漫天飞舞的金凤蝶就像一群美丽的仙女，在空中闪着它们的翅膀，又犹如金色的花朵一般向人们展示它们的美貌！这些蝴蝶色彩斑斓，翅膀上的花纹交错相间，高贵美丽。

大自然的舞姬

金凤蝶因优美的身姿、轻盈的体态而受人喜爱。它飘舞于花丛之中、溪畔泉边，被人们喻为"会飞的花朵""大自然的舞姬"。

翅体有光泽。

小档案

名称：金凤蝶。

分类：鳞翅目凤蝶科。

分布：中国内蒙古、黑龙江、吉林、辽宁、河北、河南，欧洲和北美洲。

食性：植食。

特征：翅膀有光泽。

醒目的外形

非洲达摩凤蝶体形较大，且拥有醒目的外形。在翅膀上能够看到黑色及黄色的斑纹，也能看到后翅臀角处的圆形斑颜色较暗淡。后翅无尾突，并有红蓝相间的眼点。

非洲专属——非洲达摩凤蝶

非洲达摩凤蝶，属凤蝶科凤蝶属的一类昆虫。幼虫体长 10 ~ 15 mm，黑黄相间的花纹镶嵌在翅膀上，后翅没有尾突。非洲达摩凤蝶是一种大型凤蝶，生活在非洲撒哈拉沙漠以南，包括马达加斯加。幼虫时期喜欢吃芸香科柑橘属植物和豆类植物，是农林害虫的一种。非洲达摩凤蝶的幼虫拥有一个颜色鲜明的叉状器官，被称为臭角，平时隐藏起来，只有在受到威胁时才会从头部伸出来，释放出刺激性气味警示敌人。

柑橘的天敌

雌性非洲达摩凤蝶会在柑橘属植物的叶子上产卵，对于这种农林害虫来说，可谓近水楼台先得月，面对专属美食——柑橘属植物的叶子，它总是能率先大饱口福。

小档案

名称：非洲达摩凤蝶。
分类：鳞翅目凤蝶科。
分布：非洲
特征：雌蝶的体形比雄蝶大。

后翅
无尾突。

翅膀上具
有黑黄相间的
花纹。

29

黑色美人——黑美凤蝶

黑美凤蝶属体形大，翅膀展开非常长，而且雄性与雌性的外观一般不同。雄蝶身体是黑色的，翅膀有红色斑纹。黑美凤蝶分多布在中国长江以南，也见于日本、印度等国家。黑美凤蝶会危害柑橘、两面针、食茱萸等植物。

黑色美人

黑美凤蝶身体呈黑色，翅膀有红色和黑色两种颜色。后翅狭长，以黑色为主，旁边有红色斑纹，十分美丽。

飞翔代言人

黑美凤蝶爱访花采蜜，雄蝶活泼且飞行能力强，多在旷野狂飞。雌蝶飞行缓慢，常滑翔式飞行。

有尾无尾都是它

雄性黑美凤蝶的色彩斑纹大同小异，而雌蝶则差异极大，有的具有尾突，有的没有尾突，更有多种不同的色彩斑纹和形态。

🌿 小档案

名称：黑美凤蝶。

分类：鳞翅目凤蝶科。

分布：中国南部长江以南各省，日本、印度等国家。

食性：植食。

特征：身体黑色，翅膀黑色、红色。

橙色佳丽——橙粉蝶

橙粉蝶是雌雄异形。雄蝶有两种形态，一种前翅正面一半为黑色，另一半为黄色，中部为大块橙色斑，后翅为黄色，外线黑带窄；另一种中部为黄绿色斜带。橙粉蝶幼虫呈圆柱形，蛹在发育时头部朝上，为带蛹。寄主为十字花、豆花、白花菜、蔷薇等。

色彩丰富

橙粉蝶尖尖的"嘴巴"像一个小飞机头，它的背上有黑线，翅膀边缘是黑色的，中心有橙色和黄色两种颜色。

橙色外形

橙粉蝶外观以黄色为基调，饰有其他色彩的斑纹。前翅三角形，后翅卵圆形。翅膀表面像有一层粉，这是粉蝶科昆虫的特点之一。成虫的前足端部两爪间具有一个中垫（吸盘），因此它们能够停留在竖立的玻璃等光滑的垂直物体表面。

触角呈棒状。

成虫具有可以收卷的虹吸式口器。

成虫有 2 对大且布满鳞片的翅膀。

小档案

名称：橙粉蝶。

分类：粉蝶科橙粉蝶属。

分布：中国。

食性：植食。

特征：翅膀边缘呈黑色，中心有橙色、黄色两种颜色。

生活习性

橙粉蝶属于中小型蝶，在花园中很常见。成虫通过吸食花蜜补充营养。橙粉蝶喜群栖，常和同类聚集在一起。

滑翔之蝶——黄绿鸟翼凤蝶

一方霸主

黄绿鸟翼凤蝶一般生活在茂密的热带雨林中，在早上和傍晚的时候十分活跃，并会在花间收集食物。它极具领地意识，会赶走自己领地内的敌人，是一方霸主。它的主要食物是花蜜，幼虫时期喜欢吃马兜铃。

黄绿鸟翼凤蝶属于鳞翅目凤蝶科，是一种常于日间飞行的大型蝴蝶，是新几内亚岛的特有品种。翅膀上各式各样的色彩和斑纹来自它的鳞片，主要取食马兜铃属植物的叶，喜欢滑翔，飞得较缓慢。

热爱滑翔

　　黄绿鸟翼凤蝶的两对翅膀就像飞机的两翼，让它可以利用气流向前飞行；翅膀上丰富多彩的图案，令人赞叹不已。同时，它们多彩的翅膀也是帮助它滑翔的好工具。

黄绿交接

　　黄绿鸟翼凤蝶的身体有金黄色条纹，胸部有红色的绒毛。翅膀颜色有黄色、绿色和黑色三种颜色，也有一些特殊个体后翅有红色。

小档案

名称：黄绿鸟翼凤蝶。
分类：凤蝶科凤蝶属。
分布：新几内亚岛。
食性：植食。
特征：翅膀有黄色、绿色、黑色三种颜色，也有一些特殊个体后翅有红色。

35

美丽飞翔者——大帛斑蝶

大帛斑蝶属于蛱蝶科，体形比较大，飞行比较缓慢，而且警觉性低，很容易被人抓住，所以有"大笨蝶"的称号；又因为它飞起来像风筝，所以它又被称为"纸风筝"。

悠闲且迟钝

大帛斑蝶飞行比较缓慢，是一种悠闲的昆虫。当有人靠近时，它也不太容易受到惊扰，所以很容易被人徒手抓住。它身形和颜色也特别美丽，飞起来如风筝一般。

小档案

名称：大帛斑蝶。
分类：蛱蝶科帛斑蝶属。
分布：马来半岛、印度尼西亚、中国等。
食性：植食。
特征：体形比较大，飞行比较缓慢，翅膀为白色，翅纹为黑色。

大帛斑蝶的翅展可达 140 mm。

大帛斑蝶的前后翅外缘在黑边中有一列白斑；各脉室中均匀地散布着黑色大斑点。

天然屏障

　　大帛斑蝶具有一定的毒性，其毒素会积累在幼虫体内，这样可以对幼虫起到天然的保护作用。一般喜爱捕食蝴蝶幼虫的生物，都会远远地避开大帛斑蝶的幼虫。当然，大帛斑蝶成虫体内也含有毒性，因此很少有捕食它们的天敌。

大帛斑蝶的价值

　　大帛斑蝶的翅膀展开后可达 140 mm。翅体为白色，翅脉纹全部为黑色，具有一定的旅游观赏价值和经济价值。大帛斑蝶在采蜜的同时可以为植物授粉，所以又有很高的生态价值。

速度飞翔者——统帅青凤蝶

统帅青凤蝶体形为中型，常常出现在树林等地方。它往往在春、夏、秋这三季出现，以蛹的形式过冬。雌蝶在植物上产卵时会很容易被发现。成虫喜爱在各种花朵中吸蜜，例如马缨丹，幼虫以番茄枝属植物为食。

统帅青凤蝶的繁殖

统帅青凤蝶一年繁育多代，以蛹的形式过冬。它把卵生在植物的新芽或者叶片上，幼虫长大要化蛹的时候，一般在植物叶片下侧头部朝向叶柄进行。

快速飞行者

统帅青凤蝶是一种非常活跃的蝴蝶，在花丛中也会不断扇动翅膀，很少停下来休息。它们飞行速度非常快，所以不易被捕捉到。

统帅青凤蝶的身体背面有一条黑色带，色带两侧有黄色的毛。

统帅青凤蝶的翅展宽 70 ~ 80 mm。

统帅青凤蝶的翅膀为黑褐色，斑纹为绿色。

统帅青凤蝶的名字来源

统帅青凤蝶名字源于《荷马史诗》中的希腊远征军统帅。统帅青凤蝶雌蝶与雄蝶的花纹相似，但是雌蝶的成虫比展开了翅膀的雄蝶要大，躯干比雄蝶的粗、短。

小档案

名称：统帅青凤蝶。

分类：凤蝶科青凤蝶属。

分布：中国南部、东南亚等地区。

食性：植食。

特征：黑褐色翅膀，绿色斑。

大尾巴——绿尾大蚕蛾

绿尾大蚕蛾是鳞翅目大蚕蛾科的一种中大型蛾类，是长尾水青蛾的亚种之一。它们广泛分布于中国的中东部、南部及亚洲的其他地区。绿尾大蚕蛾体形粗大，成虫身体长 32 ~ 38 mm，翅展长 100 ~ 130 mm。成虫的颜色为豆绿色，翅为粉绿色，前后翅中央各有一个椭圆形眼斑，外侧有一条黄褐色波纹，后翅呈尾状，长约 40 mm。

绿尾大蚕蛾的趋光性

绿尾大蚕蛾的成虫昼伏夜出，有趋光性，等太阳落下后它才开始活动，深夜 21:00—23:00 最为活跃。虽然绿尾大蚕蛾看起来较笨拙，但飞行能力强。

绿尾大蚕蛾的危害

绿尾大蚕蛾会危害山茱萸、丹皮、杜仲等药用植物。此外，绿尾大蚕蛾还危害果树、林木等，可造成作物的产量减少，是农业害虫。

绿尾大蚕蛾的
抱器，抱器内侧有
成排的条形鳞毛。

绿尾大蚕蛾
头部两侧及肩板
基部前缘有暗紫
色横切带。

绿尾大蚕蛾的繁殖

　　绿尾大蚕蛾喜欢把卵产在叶背或枝干上，有时雌蛾跌落树下，把卵产在土块或草上，常数粒或数十粒产在一起，每头雌虫产卵 200 ～ 300 粒。绿尾大蚕蛾的幼虫行动迟缓，食量大，每只幼虫可食上百片叶子。

🐾 小档案

名称：绿尾大蚕蛾。

分类：昆虫纲鳞翅目。

分布：亚洲。

食性：植食。

特征：左右翅中央各有一椭圆形眼斑，外侧有 1 条黄褐色波纹，后翅尾状，约 40 mm。

调皮捣蛋鬼——长尾黄螅

长尾黄螅系蜻蜓目螅科黄螅属蜻蜓。成虫发生期4—10月，栖息于水草丰茂的水塘、池沼、水库等静水环境。它是细长的飞行昆虫，类似小型的蜻蜓。翅宽，可向尾部收折，翅脉很密。足纤长，分布有刺。

形态特征

长尾黄螅体细长；头横宽，复眼强烈突出于头两侧；前后翅形状和脉序相似，中室四方形。静止时翅竖在胸部上方，少数种类前翅竖立而后翅稍张开。

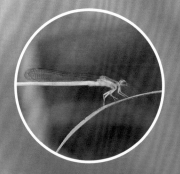

飞机的源头

长尾黄蟌很美丽，身下6条纤细的长脚，支持着全身的重量，尾巴长长地拖在后面，色彩斑斓。它的身体构造和色彩的搭配，都像是完美的艺术创造。想想人类用来翱翔天空的飞机，不也从它身上得到过灵感吗？

腹长 34mm。

生长繁殖

长尾黄蟌的一生经历卵、若虫和成虫 3 个时期。绝大多数若虫水生，整个身躯细长、苗条、柔美、轻盈。它的脑袋圆圆的，上面长着一双突出的、绿宝石似的大眼睛和一张铁钳似的嘴巴，紧挨着脑袋的是它的身子。交配时雄虫用腹部末端的肛附器捉住雌虫头顶或前胸背板，雄前雌后，一起飞行。

上颚基部、前唇基、后唇基及额是柠檬黄色。

小档案

名称：长尾黄蟌。

分类：蟌科黄蟌属。

分布：中国。

食性：植食。

特征：头顶暗绿色，侧面黄色。

蓝色精灵——蓝斑腹鳃螅

蓝斑腹鳃螅属于蜻蜓目腹鳃螅科。它主要分布在泰国。它属于自然野生物种，未被列入保护物种。

人类的好朋友

它的若虫在水中可以捕食孑孓或其他小型昆虫，成虫一般在池塘或河边捕食飞虫，能大量捕食蚊、蝇等对人有害的昆虫。此外，对农田作物的丰产也起到很大的作用。

44

空中小霸王

蓝斑腹鳃螅像一架小飞机，它小巧玲珑，可以自由在空中飞来飞去，有时还能像直升机那样在空中停留不动，它的飞行技术真是让人惊叹不已，难怪有人叫它"空中小霸王"。

具有横脉。

飞行速度惊人

蓝斑腹鳃螅每秒能飞 1 m，高速冲刺飞行时速度能达到每秒几十米，并且能连续飞行很长时间不用休息。它们经常成群结队地飞在低空，玻璃般透明的翅膀鼓动着，像一个个轻盈的小精灵。

小档案

名称：蓝斑腹鳃螅。

分类：蜻蜓目腹鳃螅科。

分布：泰国。

食性：植食。

特征：身体有蓝色、黑色两种颜色。

45

珍稀蜻类——巨圆臀大蜓

巨圆臀大蜓是大蜓科的一种蜻蜓。腹长 70 ~ 90 mm，后翅长 60 ~ 80 mm。下唇黄褐色，上唇端半部黑色，基半部有两个方形黄斑。雄虫的上肛附器呈黑色，下肛附器较上肛附器短。

小档案

名称：巨圆臀大蜓。

分类：蜻蜓目大蜓科。

分布：中国台湾、北京、湖南等地。

食性：植食。

特征：下唇黄褐色，上唇端半部黑色，下肛附器短。

扫一扫

扫一扫画面，小昆虫就可以出现啦！

巨圆臀大蜓的
复眼为绿色。

身型庞大的巨圆臀大蜓

巨圆臀大蜓腹长 70 ~ 90 mm，后翅长
60 ~ 80 mm，翅痣有 5 mm 那么大。

巨圆臀大蜓的
翅透明，翅脉呈网
状。

巨圆臀大蜓的
腹部为黑色，第一
腹节末端有一黄色
细环纹。

优秀的鉴别者

巨圆臀大蜓的若虫对人类很有帮助。人们
可以拿它来鉴别水的质量。因为巨圆臀大蜓的
若虫对于污染的忍受程度很低，所以它可以有
效地鉴别水质。

山区栖息者——黄基蜻蜓

黄基蜻蜓的腹部有 24 ~ 26 mm 长。雄虫胸部是棕红色的，腹部是红色的。而雌虫腹部橙红色；其余和雄虫略微相似。未成熟的黄基蜻蜓雄虫胸部呈黄色，从侧面看有两条黑色宽大斜带，腹部主要呈黄褐色。

生活在高处的黄基蜻蜓

黄基蜻蜓主要生活在海拔 1000 m 以上的山区，所以如果看到有黄基蜻蜓出现，那么该地区一般较高。

小档案

名称：黄基蜻蜓。

分类：蜻蜓目。

分布：中国台湾。

食性：植食。

黄基蜻蜓的腹部
长 24 ～ 26 mm。

 爱干净的动物

黄基蜻蜓喜欢干净，一般会选择生活在水质特别好的地方。如果不干净，它就会离开，去寻找水质干净的地方，然后在那里居住。

美丽的黄基蜻蜓

黄基蜻蜓身体长 40 ～ 45 mm，雄虫身体呈红色，合胸侧缘有 2 条宽大的黑色斜带；雌虫身体呈黄褐色，合胸侧面有 2 条黑色的斜带斑，腹部也为黄褐色，各节侧缘具黑斑。

灰色精灵——异色灰蜻

异色灰蜻这个神奇的小精灵属于蜻蜓目蜻科。分布在江苏、河北、浙江等地，体长和一般的蜻蜓差不多。雄性胸部深褐色，身体蓝色；翅膀末端有着淡褐色斑，翅膀周围具深褐色斑，后翅翅基的色斑大，是三角形的；足是黑色的，上面有刺。

大大的复眼

异色灰蜻是一种常见的昆虫。它的脑袋上镶嵌着两只大大的、鼓鼓的眼睛。可是，它不止有两只眼睛，它的眼睛是由 1.8 万到 2 万只小眼睛组成的，这被称为"复眼"。复眼中的小眼面一般呈六角形。小眼面的数量、大小和形状在不同昆虫中是不同的。

透明的翅膀

它有两对翅膀，它的翅膀是薄薄的、透明的，就像羽纱一样。它的翅膀里有一条一条的线，就像一张网。

体分头、胸、腹三个部分。

生活习性

异色灰蜻交配后在池塘里产卵。春天时由卵长成幼虫，幼虫在春天和初夏生活在水里，长长的下颚长得很快，以便捕捉水中的微生物作为食物来获取能量。等到深夏，经过蜕皮的幼虫会趴在大树上羽化，刚羽化的异色灰蜻是黄色的。

腹部灰色。

🍃 小档案

名称：异色灰蜻。
分类：蜻蜓目蜻科灰蜻属。
分布：中国江苏、河北、浙江等地。
食性：植食。
特征：身体有明显的淡蓝色，腹部灰色。

烈焰红唇——红蜻

红蜻属蜻蜓目蜻科。雄虫前胸褐色，合胸前方及侧面呈红色，无斑纹；翅透明，翅痣黄色，前后翅基部均有红斑；腹部红色。雌虫前后翅基部有黄斑，腹部黄色。它体长 30 ~ 35 mm，翅展约 70 mm。主要分布于北京、山东、江苏、福建、江西、广东等地。

 **雌性**

雌性红蜻的体色与雄性红蜻有差异。头部上、下唇黄色，唇基、额及头顶黄褐色，头后黄色；前胸及合胸背面褐色；腹部黄色，肛附器短，褐色；下生殖板弯向下方。

🍃 小档案

名称：红蜻。

分类：蜻蜓目蜻科。

分布：中国北京、山东、江苏、福建、江西、广东等地。

食性：植食。

特征：身体呈红色。

翅透明；翅痣黄色，其上下边缘厚。

体长 30 ~ 35 mm，翅展约 70 mm。

足呈红色。

🦋 雄性

下唇褐色，上唇红色。前唇基红黄色，后唇基红色且左右两端发达，形成罩状罩在上唇和前唇基的上方。

飞行强者——玉带蜻

玉带蜻是蜻科玉带蜻属的蜻蜓，常年生活在近水的环境中。因为玉带蜻有细长的身体，再加上一对大且轻盈的翅膀，所以飞行速度极快，同时能做各种急转的动作。根据性别的不同，玉带蜻第二至第四腹节呈现不同颜色，雄性为白色，而雌性为黄色，这也是"玉带"的由来。

飞行高手

玉带蜻有极强的飞行能力，能随时迅速地转换方向，甚至倒退飞行，一般很难被抓到。

棉花作物的敌人

玉带蜻的食量很大，又以棉花等作物作为食物，所以会给棉花农作物带来危害。

玉带蜻头顶部
黑色，前额黄色。

小档案

名称：玉带蜻。

分类：蜻科玉带蜻属。

分布：中国江苏、福建、湖南等地。

食性：杂食。

特征：雄性第二至第四腹节呈白色，雌性呈黄色。

玉带蜻身体
细长，其身长与
翅膀长度相当。

最佳巡查员

玉带蜻有很强的领地意识，绝对不允许自己的领地被外来的昆虫霸占，因此它经常在领地附近"巡逻"，当有昆虫经过自己的领地时，玉带蜻会主动出击，将其驱逐。

高速飞行机——碧伟蜓

碧伟蜓是东亚地区非常常见的蜻蜓品种之一。它们的体形比较大，飞行速度非常快。碧伟蜓雌虫将卵产在水生植物组织内，卵孵出的幼虫叫水虿，捕食能力强。水虿长大之后爬上岸，并不成蛹，而是直接蜕皮羽化，变成我们熟知的蜻蜓的样子。

成虫的颜色

碧伟蜓最大的特征是腹部第一节和第二节膨大。一般中等体形的碧伟蜓，雄虫这两节腹部是天蓝色的，雌虫是黄绿色的。

幼虫的颜色

碧伟蜓幼虫生活在水中，它在这个阶段会面临被鱼类捕食的危机，因此幼虫的外表颜色会依据栖息地的不同而不同。生活在黄色泥土水域的幼虫，其身体是黄色的，而生活在黑色淤泥水域里的幼虫，身体从孵化起就是黑色的。

碧伟蜓有两对透明的翅膀，上面生有黄褐色的翅痣。

碧伟蜓的口器非常锋利，能够有效切断食物。

碧伟蜓的前额有黑色横纹。

雌、雄碧伟蜓的颜色大体相同，只有上腹部颜色不同，能用来区分性别。

碧伟蜓的足部长而有力，能够在飞行过程中捕捉飞虫。

小档案

名称：碧伟蜓。

分类：蜻蜓目蜓科伟蜓属。

分布：中国、日本及朝鲜半岛。

特征：体形大，足部长。

奇特的呼吸器官

碧伟蜓的下胸部两侧有黑色点状图案，那是它们在幼虫阶段用来呼吸的腮，在离水羽化后退化成两个黑点。碧伟蜓成虫则依靠外骨骼上的黑色缝隙来进行呼吸。

世间大力士——长戟大兜虫

长戟大兜虫是世界上最长的甲虫。它们的身体有黑色和褐色两种颜色，鞘翅上还生有不规则的黑色斑点。长戟大兜虫最明显的特点就是它们的雄虫拥有一对非常特殊的角。这对角由向下勾的头角和向上勾的胸角组成，看起来非常威风。因此，长戟大兜虫常受到广大昆虫爱好者的喜爱。

 稳定的活动时间

长戟大兜虫在夜晚活动不频繁。经过实验发现，只有在每天晚上 10 点之前才能够捉到长戟大兜虫。看来它们的作息非常有规律。

小档案

名称：长戟大兜虫。

分类：鞘翅目犀金龟科。

分布：拉丁美洲。

特征：有发达的头角和胸角。

长戟大兜虫的鞘翅是褐色的，表面还有细毛。

只有雄性长戟大兜虫才有发达的胸角。

长戟大兜虫的体长一般在 5～8 cm，较长的个体可超过 10 cm。

世间大力士

长戟大兜虫的拉丁学名以希腊神话中的大力士——赫拉克勒斯命名，这是因为它们能够举起自身体重 850 倍的物体！远比独角仙厉害得多。

世间最长的甲虫

长戟大兜虫是一种非常大的昆虫，目前被发现的长戟大兜虫中，身体最长的一个足有 18 cm，是世界上最长的甲虫。

珍贵绿宝石——阳彩臂金龟

阳彩臂金龟是一种非常珍贵的臂金龟科昆虫，属于我国的特有品种，是国家二级保护动物。这类昆虫的体长可达到 8 cm，体表在阳光下有金属光泽。阳彩臂金龟喜爱居住在亚热带地区的常绿阔叶林中，是罕见的稀有昆虫之一。

 ## 金属光泽

阳彩臂金龟的体表颜色非常鲜艳。它们的头部和前胸是绿色的，鞘翅则是黑色的，全身在阳光下都会折射出美丽的金属光泽。

 ## 地域特色

阳彩臂金龟是中国境内独有的臂金龟科昆虫，分布在中国南部地区，也就是说离开中国之后就再无法见到这种美丽的昆虫了，就连海峡对岸的中国台湾地区也没有它们的身影。

 ## 珍稀物种

阳彩臂金龟的数量非常稀少，是国家二级保护动物。早在 1982 年，中国就曾宣布过这种金龟在境内已经灭绝。不过好在近年来阳彩臂金龟在中国南部重新现身，种群数量逐渐增加。

小档案

名称：阳彩臂金龟。
分类：鞘翅目臂金龟科。
分布：中国南部。
生活环境：温暖湿润的环境。
特征：头部绿色，前足长。

阳彩臂金龟的前胸背板边缘是锯齿形的。

阳彩臂金龟的前足胫节有齿突，前臂比整个躯干还要长。

阳彩臂金龟的鞘翅上有斑纹。

"装死"高手——黑腹胫步甲

黑腹胫步甲属于鞘翅目步甲科，成虫体长 2.5 ~ 3.5 cm，身体呈黑色，带有金属光泽，头部具刻点和皱纹。步甲科昆虫食性复杂，有些属于植食性昆虫，以谷子、小麦等农作物为食；有些属于肉食性昆虫，它们常捕食蝴蝶等昆虫的幼虫；还有一些属于杂食性昆虫，比如黑腹胫步甲，它们既以小麦、大麦等农作物的种子为食，又捕食蜗牛等动物。

黍类杀手

黑腹胫步甲主要取食小麦、大麦等农作物的种子，危害农作物的生长，同时它对棉花有极大的危害，分布在陕西、山西、河北、辽宁、黑龙江等地区。

趋光生物

黑腹胫步甲都具有趋光性，夜晚在树林里点亮一盏灯它们就会靠近。一到下雨时它们都会躲起来，等晴天才会出来。

🍃 小档案

名称：黑腹胫步甲。

分类：鞘翅目步甲科。

分布：中国陕西、山西、辽宁、河北、黑龙江等地。

食性：杂食。

特征：全身黑色，有金属光泽。

🦗 蜗牛大克星

黑腹胫步甲有两种，一种是长着有力下颚的"大嘴魔王"；一种是长着细长小头的"小头强盗"。虽然长相有点差异，但它们都是蜗牛家族的大克星。为了能够享用美味的蜗牛肉，大嘴魔王会挑选薄壳蜗牛来食用，而小头强盗会专找开口大的蜗牛来吃。

黑腹胫步甲成虫体长 2.5 ~ 3.5 cm。

黑腹胫步甲触角呈线状。

葬甲科害虫——四斑负葬甲

 小档案

名称：四斑负葬甲。

分类：鞘翅目葬甲科。

分布：中国广西、辽宁等地。

生活环境：温暖湿润地区。

特征：体长 31～45 mm，体狭长。

四斑负葬甲是一种体形较大的葬甲科害虫，分布于中国广西。它们有一个特殊的习性，就是搬运动物的尸体，所以它们的名字中有"负葬"二字。它们在生活中还有一个绝招就是"装死"，能够成功骗过敌人，防止被天敌捕食。

 **危害**

四斑负葬甲是人类某些传染病的传播媒介，对人类健康的危害很大。一旦出现，就会像虱传播鼠疫、蚊传播疟疾一样引起大范围的疾病。

假死的高手

四斑负葬甲一旦遇到惊扰，就会坠地假死，片刻过后，又爬行或起飞，这是为了逃避天敌袭击而采取的防御措施。因此人们常用这种假死性，对其进行振落以方便捕杀。

 趋光性

四斑负葬甲喜欢光，每次遇到光的时候就会飞过去，常栖于灯下，具有趋光性。成年的四斑负葬甲更喜欢灯光，一般会选择在有光的地方居住。

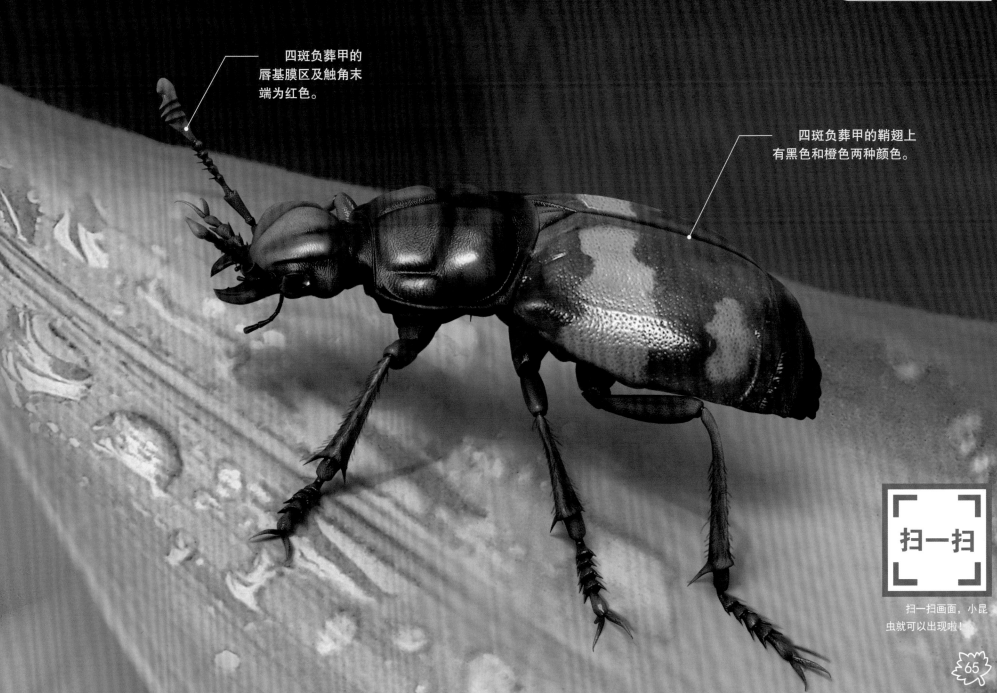

四斑负葬甲的唇基膜区及触角末端为红色。

四斑负葬甲的鞘翅上有黑色和橙色两种颜色。

扫一扫

扫一扫画面，小昆虫就可以出现啦！

黑甲战车——中国扁锹

 小档案

名称：中国扁锹。
分类：鞘翅目锹甲科。
分布：中国、朝鲜和韩国。
食性：杂食。
特征：黑亮的鞘翅和巨大的颚。

中国扁锹属于鞘翅目锹甲科，雄虫体长 2 ~ 9 cm，身体呈黑褐色，表面有金属光泽，体形稍扁，颚发达，颚上有齿状排列。因为中国扁锹极具观赏价值，所以在昆虫爱好者之中很有市场，是一种较为常见的宠物锹甲。

栖息环境

中国扁锹分布在中国、朝鲜和韩国等地。它们的成虫出现于 4 ~ 10 月，主要分布在低海拔地区的阔叶林中。它们有趋光性，夜晚或清晨在路灯下容易发现它们的踪迹。

生活习性

中国扁锹的成虫在野外以吸食树液或熟透果实的汁液为主，昼伏夜出，可冬眠，寿命 1 ~ 3 年；幼虫则生活在朽木中并以其作为食物。人工环境饲养则用专门的甲虫果冻和水果来投喂成虫，用发酵过的木屑喂养幼虫。

颚巨大而宽阔。

有一对复眼。

繁殖方式

中国扁锹是雌雄异体的昆虫，繁殖方式为体内受精。雌虫会将卵产在朽木内。人工环境饲养时，可以购买观赏锹甲专用的产木，在其中埋入发酵木屑后压实作为产房。雌雄配对后，将雌虫放入产房中，30 ~ 45 天后即可取得幼虫或卵。

奇形甲虫——锹形虫

锹形虫，亦称锹甲。锹形虫种类的多样性十分明显，很多种类的雄虫都有多种形态，所以它们是研究昆虫进化和系统发育的典型类群。全球范围内都有多种锹形虫分布，其中部分种类由于体形大、外形奇特而为大众喜爱和收藏，并作为宠物来饲养和繁殖，具有较高的经济和文化价值。

 雌雄差异

有效区分锹形虫的方法实际就是观察成虫的口器、触角及复眼等器官。它们的上颚是最直观的特征，雄性上颚通常长而强壮，能占到体长的四分之一或一半，并长有很多大齿和小齿，而雌性上颚短小，不超过头长，上面仅有少数几个小齿。

 发达的上颚

锹形虫的重要特征之一就是那对奇特的颚。这对颚在幼虫期就已存在。而在成虫期，雄性的颚大多会变得异常发达，主要作为求偶争斗中的武器；雌性的颚大多短而宽阔，多用于刺破树皮以帮助吸食汁液或协助产卵。

锹形虫的鞘
翅有金属光泽。

锹形虫的鞘
翅覆盖全腹。

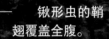 生活习性

　　锹形虫大多以植物汁液或
花蜜为食，少部分种类是肉食
性昆虫。成虫多在夜间活动，
大部分种类具有趋光性，也有
一些种类白天活动。锹形虫的
幼虫的食性是腐食，栖息在树
根部，能帮助分解朽木和腐殖
质，具有独特的生态作用。

锹形虫有一对巨
大的颚。

🍂 小档案

名称：锹形虫。
分类：鞘翅目锹甲科。
分布：世界各地。
食性：杂食。
特征：巨大的上颚。

红褐装甲——姬深山锹形虫

姬深山锹形虫主要分布在中国台湾、福建、浙江等地，是全球已知上千种锹形虫中的一种。因为姬深山锹形虫的虫体优美，颜色鲜亮，还有突出的巨大上颚等特点，所以是昆虫爱好者十分喜爱的观赏锹形虫之一。

 外部特征

姬深山锹形虫雄虫体色呈红褐色，大颚内弯幅度很大，大颚顶端分叉，基部有大内齿，分叉和大内齿之间还有 4 ~ 8 个小内齿，大型个体大颚的左右常常是不对称的。姬深山锹形虫头部有明显向后延伸的弧形突起。

有一对复眼。

🌿 小档案

名称：姬深山锹形虫。

分类：鞘翅目锹甲科。

分布：中国台湾、福建、浙江等地。

食性：植食。

特征：红褐色身体和巨大的上颚。

🦗 生存条件

姬深山锹形虫的繁殖较为不易，它的幼虫期很长，可达一年半到两年。如果需要人工饲养，饲养期间一定要保持在适宜的温度范围，以 18 ~ 22℃最佳。

鞘翅呈红褐色。

翅膀隐藏在鞘翅中。

🌐 栖息地区

姬深山锹形虫有两个亚种，分别是姬深山锹形虫亚种和姬深山锹形虫大陆亚种。前者主要分布在中国台湾地区，后者分布在中国浙江、福建等地。野生姬深山锹形虫主要栖息在海拔 1000 m 左右的山区。

可爱金龟子——大王花金龟

取食花粉的大王花金龟身体多毛，能帮助植物授粉。飞行时发出嗡嗡声。边缘黄色、褐色相间；取食无花果等植物。其幼虫（蛴螬）是土地中的主要害虫之一，常将植物的幼苗咬断，使之枯黄死亡。

身体硕大，远大于一般的金龟科昆虫。

足上的钩爪非常锋利，在格斗的时候会挥舞前足攻击对手，动作很像相扑选手。

雄性大王花金龟有分叉的头角，雌性则无角或者角不发达。

扫一扫

扫一扫画面，小昆虫就可以出现啦！

美丽害虫

　　大王花金龟是一种害虫，有着不逊于兜虫的力量，粗壮的后足和巨大的前足也赋予它们强劲的抓地力，六条细长的足攀附在树木上，会严重危害林木。漂亮的外表下，原来隐藏着树木"杀手"的身份。

小档案

名称：大王花金龟。

分类：鞘翅目金龟科。

分布：中国。

食性：植食。

特征：体宽，背面扁平。大多色彩美丽，有粉状薄层。

庄稼的天敌

　　每到夏天，大王花金龟便成群结队地占据庄稼，嚼食庄稼的叶。由于视觉不灵敏，大王花金龟常乱冲乱撞，因此，在有些地方被称作"瞎碰"。

翅膀藏在鞘翅下面，在飞行的时候才会伸出来。

身体特征

　　将大王花金龟放到手中，就可以发现它的头部很小，约占全身的八分之一；头部有一双短小的触角，口器在触角的下方，很发达；它有两片棕色或淡黑的翅盖，在下面有一对小翅膀。再将它翻过来，这个乱爬的小东西便会假装死去，趁它装死的时候，可以发现它的腹部呈淡黄色或白色，有浅浅的皱褶。

华丽的大甲——独角仙

独角仙，学名双叉犀金龟，可以称得上是最出名的大型甲虫了。它的头上长着一只威武的长角，胸节上也有一只比较小的角，再加上黑色或者红棕色的甲壳，让这只大甲虫看上去威武不凡。

在野外的独角仙会霸占一些有腐烂水果或者树皮破损流出树汁的地方，用来吸引雌性，雄性则趁着雌性进食的时候交配。如果有其他独角仙也想来分一杯羹，就要先把原来的主人打败才行。

日本的"国民甲虫"

因为雄性独角仙好斗而不退缩的性格，它们成为日本民众非常喜欢的一种昆虫。在各种影视动画和游戏中都能看到独角仙的形象。在日本，每年夏天都会举行昆虫相扑，就是用野外捕捉的或者人工饲养的各种甲虫进行格斗的比赛。

 ## 独角仙头盔

好斗勇敢的独角仙在古代就已经受到了日本武士的关注，为了获取像独角仙一样的勇气和力量，一些武士将头盔制作成独角仙样式，希望自己也能拥有独角仙那样的勇气和力量。

容易饲养的独角仙

独角仙很容易饲养，在野外采集到的雌性独角仙大多已经交配过，只要给它们提供合适的腐殖土或者发酵木屑，几天之后就会看到土中出现白色的卵。

雄性独角仙的额角分叉，像一把叉子。

雄性独角仙前胸背板上也有一个角，在捕捉独角仙的时候抓住这个角就不容易被它伤到。

雄性独角仙前足跗节上的钩爪非常有力，在格斗的时候既能牢牢抓住树皮，也可用来攻击对手。

小档案

名称：双叉犀金龟。

分类：鞘翅目犀金龟科。

分布：中国、朝鲜、日本。

生活环境：树木上，可人工饲养。

特征：头顶有一个分叉的大角。

75

暴烈战神——南洋大兜虫

南洋大兜虫也称为阿特拉斯大兜虫，是犀金龟科的一种昆虫。它是一种大型昆虫，长得像希腊神话中的擎天巨人阿特拉斯，因此而得名。南洋大兜虫属于夜行性甲虫，通过卵生方式繁殖后代，广泛分布于东南亚地区。

扫一扫

扫一扫画面，小昆虫就可以出现啦！

饲养

由于南洋大兜虫的颜值和无敌的战斗力，很多人喜欢饲养它们。因为成虫的寿命只有 4 ~ 6 个月，所以一般是从幼虫开始饲养的，幼虫以腐殖土为食。它们需要蛋白质含量高的食物，才能成长为巨大的成虫。

 ## 打架王

南洋大兜虫生性好斗，雄性南洋大兜虫会为了争夺食物、领地及配偶而大打出手，用"三叉戟"抓住对手的身体，用力把对手扔出去。因为它的角的外形酷似三叉戟，所以又名三叉戟犀金龟。

 ## 战斗民族

南洋大兜虫体形巨大，体长可达 12 cm，脾气极差，雄性常与对手争斗，胜利者可以获得与雌性交配的机会。

南洋大兜虫长着三个长而锋利的角——其中两个在躯干上，一个在头部。

南洋大兜虫全身乌黑，鞘翅坚硬。

小档案

名称：南洋大兜虫。
分类：鞘翅目犀金龟科。
分布：东南亚。
生活环境：腐殖土中。
特征：身形巨大，有三个长而锋利的角。

犀牛角——五角大兜虫

 分布区域

五角大兜虫又名细角疣犀金龟。已知的细角疣犀金龟共有五个种，全部分布于中国云南、广西到中南半岛一带，颜色鲜艳。黑亮的前胸背板上有独特的 4 个胸角，加上头部的头角，搭上黄色的鞘翅，造型独特美丽。 一般国际标本市场常见的五角大兜虫加工品来自泰国，在中国的西南也有同样的品种，只不过鞘翅颜色稍微深一点，体形也普遍小一点。

在树木茂盛的地区，五角大兜虫尤为常见。以桑、榆、无花果等树木的嫩枝或一些瓜类的花为食，人工养殖难度不大。它的种类和数量在我国较少。

扫一扫

扫一扫画面，小昆虫就可以出现啦！

头上有一根黑色弯曲的角，造型犹如犀牛。

主要价值

它体形巨大，是鞘翅目内"巨虫"家族之一，形状奇特，雄虫角突发达。通常幼虫饲以腐殖土，成虫喂之瓜果，干净、安全。五角大兜虫受到昆虫爱好者的喜爱，常被作为宠物饲养、收藏，具有一定的经济价值。

体长约 7 cm。

小档案

名称：五角大兜虫。

分类：鞘翅目犀金龟科。

分布：中国云南、广西到中南半岛一带。

生活环境：树木茂盛地区，可人工饲养。

特征：头部和前胸背板大多有明显突出的分叉角，形似犀牛角。

足部黑亮。

背部为杏黄色。

繁殖生存

它一年发生 1 代，成虫通常在每年 6 ~ 8 月出现，多为昼伏夜出，有一定趋光性，主要以树木伤口处的汁液或熟透的水果为食，对作物林木基本不造成危害。幼虫以朽木、腐殖质为食，所以多栖居于草房的屋顶间、木屑堆、肥料堆乃至垃圾堆中。

金针虫

大青叩头虫的幼虫是黄色的，像针一样，也叫"金针虫"，常常钻到地下破坏植物的根和茎。大青叩头虫分布很广，对玉米、高粱、稻等作物危害很大。

地下杀手——大青叩头虫

大部分叩甲科的昆虫为中小型，头小，体狭长，末端尖削且略扁；有些大型种类则体色艳丽，具有光泽。大青叩头虫 体色为深绿色，体表的细毛或鳞片状毛形成不同的花斑或条纹。大青叩头虫属于完全变态昆虫，幼虫身体细长，颜色金黄，生活史较长，2～5年完成一代。

叩头

叩头虫俗名磕头虫。被猎物抓住时能正向叩头；翻倒在地，腹部朝天时能反向叩头，使身体翻转，因此深得小朋友们的喜爱，常常被抓来当玩具，在福建等地常被称为"跳跳虫""跷跷板"。

体表有明显的金属光泽。

体狭长，略扁。

扫一扫

扫一扫画面，小昆虫就可以出现啦！

小档案

名称：大青叩头虫。
分类：鞘翅目叩甲科。
分布：中国台湾、福建。
生活环境：低海拔地区。
特征：头小，体长，身体略扁。

狡诈的猎手——虎甲

虎甲是鞘翅目虎甲科昆虫的统称，是中等大小的甲虫，身上布满鲜艳的颜色。虎甲的头比较大，头部的上颚大并且左右交叉。虎甲是肉食性昆虫，经常在路上觅食小虫，当人接近时，常向前作短距离飞行，故有"拦路虎"之称。

速度惊人

虎甲的移动速度极快，它在高速前进时，有时会导致瞬间失明，所以在追捕猎物的过程中，它不得不时常停下来重新定位猎物，然后继续追杀。

繁殖生存

虎甲是少数以成虫越冬的鞘翅目昆虫。雌虫以产卵管在树皮上穿一洞，产出卵后，将洞口封闭，幼虫发育时洞会逐渐增大。虎甲成虫及幼虫都能捕食其他昆虫幼虫，保证自身生存。

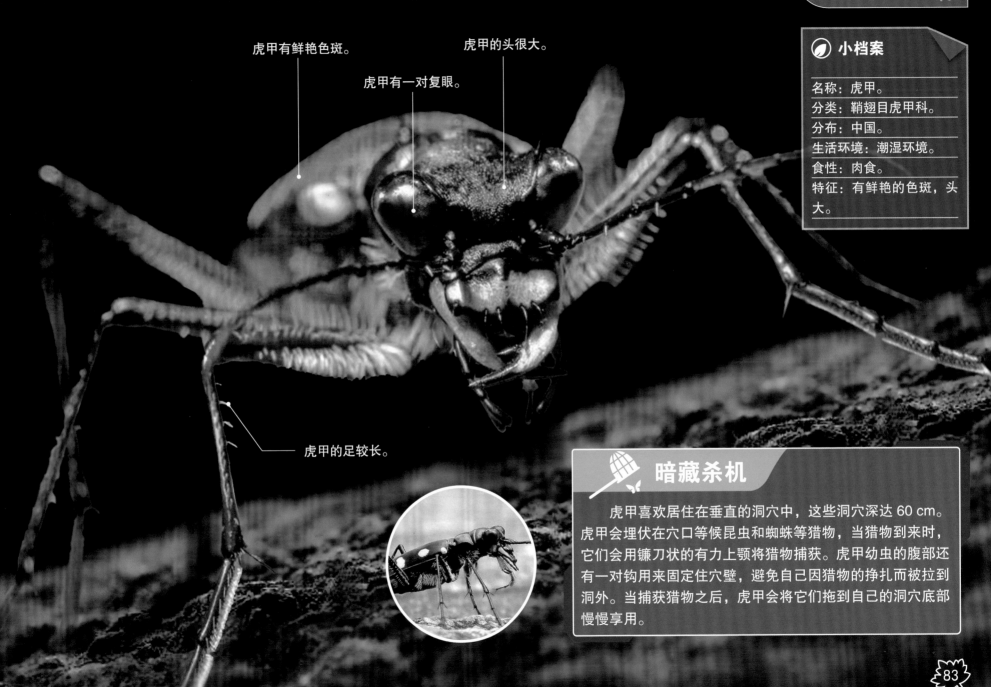

虎甲有鲜艳色斑。

虎甲有一对复眼。

虎甲的头很大。

虎甲的足较长。

 小档案

名称：虎甲。

分类：鞘翅目虎甲科。

分布：中国。

生活环境：潮湿环境。

食性：肉食。

特征：有鲜艳的色斑，头大。

暗藏杀机

虎甲喜欢居住在垂直的洞穴中，这些洞穴深达 60 cm。虎甲会埋伏在穴口等候昆虫和蜘蛛等猎物，当猎物到来时，它们会用镰刀状的有力上颚将猎物捕获。虎甲幼虫的腹部还有一对钩用来固定住穴壁，避免自己因猎物的挣扎而被拉到洞外。当捕获猎物之后，虎甲会将它们拖到自己的洞穴底部慢慢享用。

犀金龟科害虫——蒙瘤犀金龟

蒙瘤犀金龟属于犀金龟科中的害虫。蒙瘤犀金龟一年发生一代，每年5月至9月为成虫发生期，主要危害植物的根部。成虫喜欢在植物根部附近打洞，因此寄主植物根部附近的土地表面会形成众多虫洞。

打洞的高手

蒙瘤犀金龟是中国南部较为常见的犀金龟品种，它经常在湿润的黄土坡中钻洞躲藏，因此需要较高的打洞效率，而向上弯起的强大角突正是它提升打洞效率的有效工具。

蒙瘤犀金龟的危害

蒙瘤犀金龟数量过多的话，成虫会对树木造成严重的损害。它们破坏性极强，主要危害杜英、珊瑚树等植物，会在寄生植物根部的附近打洞，根部会形成许多虫孔。

不挑食好养的宠物

如果想养蒙瘤犀金龟，买个宠物箱，放点能够营造出它的生存环境的材料，如树皮、木屑等，再 给它放上爱吃的甜食，它就可以很好地生存了。

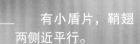

有小盾片，鞘翅两侧近平行。

小档案

名称：蒙瘤犀金龟。
分类：鞘翅目犀金龟科。
分布：中国南部，缅甸、泰国等地。
生活环境：湿润土壤中，可人工饲养。
特征：体长 3 ~ 5 cm，背部黑褐色，腹部及足黑褐色略泛红，全身油亮。

雄虫头上有一个向后上弯的大角。

长"鳃"的金龟 —— 东北大黑鳃金龟

东北大黑鳃金龟是一种主要生活在中国北方地区的鳃金龟科昆虫。这种昆虫的体形很大，椭圆形的身体足有 2 cm 长，全身都是黑色的，背部还十分有光泽。东北大黑鳃金龟的触角是鳃叶形状的，因此而得名。

扫一扫

扫一扫画面，小昆虫就可以出现啦！

 **幼虫**

东北大黑鳃金龟的幼虫是乳白色的，有黄褐色的头，身体上长着稀疏的刚毛。幼虫没有足，只有用来移动的钩状刚毛群。

 农业害虫

东北大黑鳃金龟是植食性昆虫，果树等各种各样的农作物都在它们的取食范围内。成虫喜爱啃食叶片，幼虫会啃断植物幼苗的根茎。

 小档案

名称：东北大黑鳃金龟。
分类：鞘翅目鳃金龟科。
分布：中国北部。
特征：通体黑色。

东北大黑鳃金龟的鞘翅上布满刻点。

 喜爱潮湿

东北大黑鳃金龟的幼虫非常喜爱凉爽潮湿的环境，尤其喜欢雨天，如果天气开始变热，它们就会钻进土壤深处。

东北大黑鳃金龟的每只足上都有一对爪，爪的中部下方还有垂直生长的爪齿。

靓丽达人——黄褐丽金龟

黄褐丽金龟成虫体长 1.5 ~ 1.8 cm，身体呈黄褐色，有光泽。前胸背板隆起，色深于鞘翅，两侧呈弧形，后缘在小盾片前密生黄色细毛。黄褐丽金龟属于地下害虫，各地由于气候、土壤不同，农作物的受害情况有一定差异。

植物害虫

　　黄褐丽金龟的幼虫是主要的地下害虫之一，常将植物的幼苗咬断，导致植物枯黄死亡；成虫也是危害农作物的主要害虫。因此，控制其数量对农业和林业增产至关重要。

小档案

名称：黄褐丽金龟。

分类：鞘翅目丽金龟科。

分布：中国。

食性：植食。

特征：鞘翅呈黄褐色。

生活习性

　　黄褐丽金龟以幼虫形式在地下越冬，5月是幼虫频繁活动的时期，5月底至6月初幼虫开始入土化蛹，6月至7月成虫出现，7月至8月出现新一代幼虫。成虫于每日黄昏和夜间活动，趋光性强。

防治方法

　　在农业上，一般用消灭幼虫的方式进行防治，也会利用其趋光性用灯光进行诱杀。

触角褐色。

植被的毁灭者——马铃薯甲虫

马铃薯甲虫是鞘翅目叶甲科的一种昆虫，外观呈短卵圆形，体背显著隆起，有光泽，是世界上著名的检疫性害虫。除对马铃薯造成毁灭性灾害外，还危害番茄、茄子、辣椒、烟草等茄科植物。2020 年 9 月 15 日，马铃薯甲虫被我国农业农村部列入一类农作物病虫害名录。

繁殖专家

春季，马铃薯甲虫产卵于叶子背面，单体可产卵 300 ~ 500 粒。老熟幼虫入土化蛹，一年发生 1 ~ 3 代。在合适的条件下，该虫的数量往往急剧增长，若不加以防治，1 对雌雄个体 5 年之后就可产生千亿个个体。

扫一扫

扫一扫画面，小昆虫就可以出现啦！

超级传播者

马铃薯甲虫的身体较小，在风的助力下，它们的飞行覆盖面积非常惊人。它们的移动方向与风向一致的时候，成虫最远可被大风吹到 350 km 以外的地区。

复眼略呈肾形。

鞘翅卵圆形，
隆起。

足短，转节呈
三角形，股节稍粗
且侧扁。

马铃薯甲虫的危害

　　马铃薯甲虫是分布最广、危害最大的马铃薯害虫。成虫和幼虫都很贪食。种群一旦失控，成虫和幼虫可把马铃薯叶片吃光，尤其是马铃薯始花期至薯块形成期受害最重，对产量影响最大，严重时可导致绝收。

🌿 小档案

名称：马铃薯甲虫。

分类：鞘翅目叶甲科。

分布：亚洲、欧洲。

生活环境：马铃薯等作物上。

特征：足短，转节呈三角形，股节稍粗且侧扁。

扫一扫

扫一扫画面，小昆虫就可以出现啦！

幼虫危害果实——榛实象鼻虫

榛实象鼻虫是鞘翅目象甲科的一类昆虫，主要分布于辽宁、吉林、黑龙江、北京、内蒙古等地，是天然榛树林及人工榛树经济林中的主要害虫。幼虫会危害榛树果实，成虫取食幼嫩的芽、叶及枝。

头部半球形。

 幼虫危害

它的身材虽小，但危害很大。榛实象鼻虫幼虫危害榛树的果实，成虫补充营养时取食榛树幼嫩的芽、叶及枝，严重影响榛子的产量。

身体长有黄色细毛。

🍃 小档案

名称：榛实象鼻虫。
分类：鞘翅目象甲科。
分布：辽宁、吉林、黑龙江、北京、内蒙古等地。
生活环境：树木上，可人工饲养。
特征：喙部似象鼻。

 虫害防治

对于泛滥的榛实象鼻虫，防治方法尤为重要。因其发生面广，生活史长而复杂，世代重叠交替发生，单纯用化学药剂防治不能达到理想效果，所以必须综合防治。

昆虫界"长颈鹿"——长颈鹿象鼻虫

长颈鹿象鼻虫属于卷叶象甲科，各足股节末端和胫节前端呈黑色，鞘翅呈红色；雄虫头部细长，雌虫头部较短。其雄虫体长约 25 mm，是它所属的科中最长的一种昆虫。

扫一扫

扫一扫画面，小昆虫就可以出现啦！

昆虫界"长颈鹿"

长颈鹿象鼻虫是非洲岛国——马达加斯加的特有品种，它最突出的特点就是有像长颈鹿一般的"长脖子"，这个"长脖子"几乎是身体长度的两倍，主要作用不是像长颈鹿一样为了觅食，而是进行攻击。在与同类竞争配偶权的时候，它就会利用"长脖子"和对手进行战斗并取得最终胜利。

🦋 生活习性

　　长颈鹿象鼻虫雌虫在产卵前，往往会在植物上钻一个管状洞穴或横裂，然后再把卵产于植物组织内。它的寿命只有 3 个星期，但成虫在这期间可以不断地产下 4 代甚至更多的后代。

这里属于长颈鹿象鼻虫头部的一部分，是头部向后特化延伸出的身体结构。

🌿 小档案

名称：长颈鹿象鼻虫。

分类：鞘翅目卷叶象甲科。

分布：非洲。

食性：植食。

特征：有长颈鹿一样的"长脖子"。

雄虫的眼睛裸露，鼻子较短。

这里属于长颈鹿象鼻虫颈部的一部分，是颈部向前延伸特化出的身体结构。

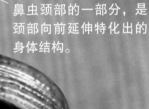

🦋 "素食主义者"

　　长颈鹿象鼻虫的长脖子让它看上去十分好斗，但它却是一种植食性昆虫，实实在在的"素食主义者"，主要以植物叶片为食。

是药也是毒——芫菁

芫菁是一种群居性的昆虫，常常成群地啃食植物。在幼虫过多的情况下，它们蜕变完成后便会危害作物。芫菁能够分泌出斑蝥素，根据使用的剂量程度，斑蝥素既能成为治疗病痛的良物，也能成为使人丧失生命的毒药。

特殊的繁殖方式

芫菁的幼虫趁雌蜂产卵的时候移动到卵上面，以吸食卵汁为生，然后完成自己的第一次蜕皮；完成第一次蜕皮的二龄幼虫以卵边上的蜂蜜为食；三龄幼虫为拟蛹，在壳里面一动不动，蜕壳后成为四龄幼虫，再经历一次睡眠就成为成虫了。

芫菁成虫具有咀嚼式口器，利于食用植物。

扫一扫

扫一扫画面，小昆虫就可以出现啦！

大多数芫菁的
触角呈节状。

芫菁的头部较
圆，颈部稍长。

芫菁的上翅硬
化成鞘翅，膜状下
翅折叠在鞘翅下。

小档案

名称：芫菁。
分类：鞘翅目芫菁科。
分布：世界各地。
食性：成虫植食，幼虫肉食。
特征：身体细长，背部有黄、
黑两种颜色，具有鞘翅。

强烈的毒性

科学家的实验表明，斑
蝥素具有强烈的毒性，对于
皮肤黏膜和胃肠道的刺激性
较强，只需要 1.5 g 的斑蝥
素就能让人丧命。

药用价值

在历史上有将芫菁作为治疗疾病的药物的记载。从它体内提
取的斑蝥素可以用来治疗皮炎与水疱，同时对肿瘤也有一定的治
疗效果，常被用来制药。

 **爱打架**

无论在小时候还是长大后，每当食物不足时，中华刀螳都会残杀同类来填饱肚子，因此很难大量饲养。

除害能手——中华刀螳

扫一扫

扫一扫画面，小昆虫就可以出现啦!

中华刀螳，又名中华大刀螳，体长 68 ~ 95 mm。中华刀螳的身体大部分时间是绿色的，到了秋天逐渐变为褐色，以适应环境。中华刀螳是益虫，从小到大的捕食对象都是害虫，它们经常出现在玉米地、稻田地、果树林里。

三角形头部，复眼很
大而且外突，椭圆球形。
单眼 3 个，三角形排列。

头上有修长的
丝状触角。

后足比前足
稍长。

前足前半部分颜
色接近草绿色。

胃口好，不挑食

　　中华刀螳是螳螂界有名的"大胃王"。它们
从小就有捕食小型昆虫的能力，随着身体逐渐长
大，它们捕食的能力和对象也在逐渐增加，甚至
能捕食上百种害虫，是稻田和果园的除害高手！

🌿 小档案

名称：中华刀螳。

分类：螳螂目螳科。

分布：中国东部。

生活环境：农田中。

特征：捕食害虫种类多，
捕食量大，繁殖力强。

长腿螳螂——巨腿螳

巨腿螳，也叫拳师螳螂，是中等大小的螳螂，有着几乎和体形不成比例的巨大捕捉足。

拟态天才

巨腿螳可以拟态叶。一些巨腿螳把胸腹、胫节、股节上长出的突起，拟态成树叶、树枝和树疤来迷惑小虫。标志性特征是有两把"大刀"，即前肢，上有一排坚硬的锯齿。

捕食方法

当巨腿螳看到蝗虫时，便立即张开双翅，抖向两侧，后翅直立起来，像一艘帆船，身体全部竖立起来，一动不动地站着，两眼盯住蝗虫，当蝗虫移动到巨腿螳攻击范围内，巨腿螳猛扑过去将蝗虫牢牢抓住并吃掉。

复眼突出，大而透亮。

头部较小。

身体以褐色为主，带有斑点。

咀嚼式口器，上颚强劲。

稀有种类

巨腿螳属于花螳科巨腿螳属，这个属下的种类较少，全世界大约有 20 种，国外主要分布在印度等热带地区；国内分布较少，主要集中在中国南部，例如海南、云南、广东。

小档案

名称：巨腿螳。

分类：螳螂目花螳科。

分布：中国南部、印度。

食性：肉食。

特征：身体以褐色为主，有一双巨大的捕捉足。

危险"绿叶"——叶䗛

竹节虫的兄弟

䗛的中文俗称是竹节虫。学界把䗛目叫竹节虫目，在这种语境下竹节虫和䗛是可以同义的。严格意义上来说，竹节虫和杆䗛相同，而形似阔叶的叶䗛被称为竹节虫有些不妥。在学术上更倾向于使用竹节虫或杆䗛来称呼棒状的䗛，而用叶䗛称呼叶状的䗛。

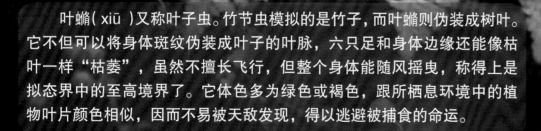

叶䗛（xiū）又称叶子虫。竹节虫模拟的是竹子，而叶䗛则伪装成树叶。它不但可以将身体斑纹伪装成叶子的叶脉，六只足和身体边缘还能像枯叶一样"枯萎"，虽然不擅长飞行，但整个身体能随风摇曳，称得上是拟态界中的至高境界了。它体色多为绿色或褐色，跟所栖息环境中的植物叶片颜色相似，因而不易被天敌发现，得以逃避被捕食的命运。

大型虫卵

　　雌性叶䗛产的卵很大很多，卵包裹于坚实的囊内，散落在地上的卵就像它们平时吃的植物的种子。雌虫产卵时淅淅沥沥的声音就如同雨点拍打地面。

小档案

名称：叶䗛。

分类：竹节虫目叶䗛科。

分布：中国。

食性：植食。

特征：腹部细长或扁宽。身体像叶子。

生殖方式

　　叶䗛的生殖方式很特别，一般交配后将卵单粒产在树枝上，一两年后才能孵化。有些雌虫不经交配也能产卵，生下无父的后代，这种生殖方式叫孤雌生殖。它是不完全变态的昆虫，刚孵出的若虫和成虫很相似。

103

美貌仙子——兰花螳螂

兰花螳螂可以算是螳螂目昆虫中最漂亮的一种螳螂了。生活在花瓣上的它，整个身体也变成花瓣的样子。兰花螳螂凭借这样的伪装，将自己彻底隐藏在花朵之中，以守株待兔的方式捕捉猎物。兰花螳螂的伪装极其精妙，不仅昆虫和鸟类无法发现它们，就连人类也经常无法识破它们的伪装。

变化的外衣

兰花螳螂的体表颜色会随着年龄增长而变化。初生的雌性兰花螳螂是红黑相间的颜色，等到第一次蜕皮后会变成白色与粉红色相间的颜色，而成年后会变成浅黄色。

小档案

名称：兰花螳螂。

分类：螳螂目花螳科。

分布：东南亚。

生活环境：植物上。

特征：体表颜色鲜艳，身体像花瓣。

兰花螳螂的口器是咀嚼式的。

罕见的美貌

如此美丽的兰花螳螂一直到 1994 年才被人真正发现并命名。直到现在，这些隐藏在植物花朵中的兰花螳螂也极难被发现。

成年的雌性身体长约 65 mm。而成年的雄性兰花螳螂却只有 25 mm 左右。

捕食与漫长等待

兰花螳螂通过伪装来等待猎物落网，它们需要在植物上等待很久，直到有飞虫靠近它们所在的花朵。在生长过程中，兰花螳螂隔几天才需要进食一次。

兰花螳螂的步肢与花瓣相似。

最佳影帝——枯叶螳螂

枯叶螳螂，顾名思义，这种螳螂就像深秋枯萎的树叶一样，因此仅凭肉眼很难察觉到它的存在，其中雌性枯叶螳螂的伪装比雄性更加逼真。但实际上，它的存在感是很强的，因为它可以捕食 40 多种害虫，苍蝇、蚊子、瓢虫等都是它的主要捕食对象。枯叶螳螂主要生活在热带雨林地区，如马来西亚等国的热带雨林中。

伪装高手

枯叶螳螂全身呈棕色，它的胸部和收拢的翅膀恰似半片枯叶，它的足犹如残叶叶柄，触角好似枯叶的脉络。在昆虫界，它就像一个优秀的演员，以擅长用整个身体伪装成枯叶而出名。

体形的差异

枯叶螳螂成虫的身体差异比较大。雄性身体细长，前胸较小；雌性身体臃肿，前胸较大。

106

通体长度约 70 ~ 90 mm。

复眼大而明亮。

枯叶螳螂的足
恰似残叶叶柄。

明星级别的螳螂

　　枯叶螳螂拥有特殊的身体颜色，这使其成为很多螳螂爱好者饲养的对象。2015 年 9 月 16 日，中国香港有商场首次展出来自世界各地逾 20 种稀有珍贵的螳螂品种，其中就有产自马来西亚的"三角枯叶螳螂"。

带"刺"的花朵——刺花螳螂

刺花螳螂是花螳科的一种螳螂，原产于非洲东部和南部，后作为观赏性昆虫引进我国。刺花螳螂因全身带刺而得名，一般捕食苍蝇，蝴蝶等昆虫。它们善于伪装自己，当猎物靠近时，就挥舞着似镰刀状的强力前肢，牢牢压制住猎物。

 **生活习性**

刺花螳螂是昼行性昆虫，常栖息在树上，喜欢在花叶之间活动，以蟋蟀、果蝇等昆虫为食。刺花螳螂虽然有一双美丽的翅膀，但除了交配季节以外，雄性极少飞行，只有雌性经常飞行，也因此常有被捕食的危险。

不同的颜色

刺花螳螂的外观一般有黄色、白色、绿色三种颜色，不过也有一些刺花螳螂有白色、紫色、紫红色的外观，这是它们为了适应不同的生活环境而产生的个体间差异。

头上修长的丝状触角，犹如接收信息的天线。

外翅有明显的眼斑，能起到警示作用

刺花螳螂有三角形的头部，可180°自由旋转。

它们的前臂像一双镰刀，强壮有力。

小档案

名称：刺花螳螂。

分类：螳螂目花螳科。

分布：非洲东部和南部。

生活环境：热带地区，可人工饲养。

特征：身上布满刺，外翅有明显的眼斑。

生长变化

刺花螳螂的生命周期将近一年，若虫要经历多次蜕变才会发育成成虫。若虫和成虫的外观有巨大的差异，一龄周期的刺花螳螂若虫通体黑色，也没有刺，直到五龄时期身体才会出现白、黄、绿等颜色。

会飞的"树枝"——竹节虫

竹节虫是一种身体细长、长得非常像纤细竹枝的昆虫。竹节虫一般生活在灌木或者乔木上，依靠自身的拟态来隐藏自己。竹节虫仅依靠雌性就能进行繁衍，因此这个种群变得非常不容易灭绝。在 20 世纪 60 年代，科学家们甚至还在新几内亚的悬崖上找到了仍旧存活的史前竹节虫！

从小开始的伪装之路

不仅竹节虫成虫会伪装成树枝的样子，就连它们的卵也会伪装：竹节虫的卵很大，和树木种子有着相似的外形。

一闪而过的竹节虫

当遇到天敌的时候，竹节虫会突然展开翅膀飞起，就在这时，竹节虫身上会突然闪起一道绚丽的彩光，而竹节虫就会在天敌被闪光吓住的时候立刻逃跑，到别处伪装成树枝来保护自己。

竹节虫的体色会随着气温和光线变化。晚上的时候体色变暗，白天则相反。

竹节虫的口器为咀嚼式，以植物叶片为食。

竹节虫的复眼很小，单眼有 2 ~ 3 个，但很多竹节虫会缺少单眼。

小档案

名称：竹节虫。
分类：昆虫纲竹节虫目。
分布：热带、亚热带地区。
食性：植食。
特征：外形与竹枝相似。

世界上最长的竹节虫

世界上最长的竹节虫种类是尖刺足刺竹节虫。在至今为止发现的所有竹节虫中，这种竹节虫的平均长度达到了 32 cm。

陆地龙虾——巨棘竹节虫

巨棘竹节虫属于竹节虫科，因为雄性成虫后足上有棘刺，所以名字中有"巨棘"二字。巨棘竹节虫体形较大，雄性体长可达 20 cm，雌性体长可达 11 cm，雄性后足比雌性后足粗壮，雌性尾部有不同于雄性的产卵管，因此比较容易分辨雌雄。

陆地龙虾

巨棘竹节虫又叫"陆地龙虾"，这个名称来源于它的原产地，当地人会抓住在地面爬行的巨棘竹节虫，然后将它们串起来烤熟食用，据说味道和龙虾相似，因此得名。

小档案

名称：巨棘竹节虫。

分类：竹节虫目竹节虫科。

分布：大洋洲。

食性：植食。

特征：身体褐色，像树枝。

巨棘竹节虫足细长，前足在静止时向前伸长。

巨棘竹节虫复眼小，呈卵形或球形，稍突出，复眼内侧有2个或3个单眼。

养殖方法

棘竹节虫原产自大洋洲，可以作为观赏性昆虫人工饲养。需要一个塑料饲养箱，里面放置一些没有污渍和虫卵的干净树枝，同时将温度控制在25℃左右，以模拟它们的生存环境。在饮食方面，可以喂一些桑叶、栎叶，尽量每天换新鲜水即可。

自保能力

当它受到侵犯时，会将身体卷成球状，将锋利的棘刺露在外面，防止敌人靠近。即便棘刺不能阻挡敌人，巨棘竹节虫还有自身坚硬的体表，能有效抵御攻击。

伪装者精英——大佛竹节虫

大佛竹节虫是竹节虫科佛竹节虫属昆虫的统称，这个属的竹节虫主要分布在越南、中国广西等地，如越南佛竹节虫、广西佛竹节虫、中国巨竹节虫、龙州佛竹节虫等。这个属的特点是体形较大，平均体长在竹节虫科昆虫中名列前茅。

趋光性

大佛竹节虫白天很少离开树枝，所以很难被发现。只有在夜晚用灯光吸引它，才会让它爬过来，可能是它把灯光误认为月光。

神奇的习性

大佛竹节虫有保持身体干燥的习性，它们会用蜕皮的方式保证身体干燥，它们还会吃掉自己脱下来的"外衣"，从而隐藏自己的踪迹。更神奇的是，它们经常会在夜晚蜕皮，而且蜕皮后的第二天往往是晴天，可能这是它们独有的天气预测能力。

大佛竹节虫个体之间差异较大，特别是在身体长度、体色以及足上的齿状突起等方面。

大佛竹节虫的外观和树枝很相似，让人难以分辨。

世界上最长的昆虫

　　佛竹节虫属的昆虫体长都比较长，其中最长的是 2014 年在我国广西山区发现的新物种——中国巨竹节虫，它的体长达到 624 mm，打破了保存在英国自然历史博物馆的另一个巨型竹节虫创下的世界纪录，被吉尼斯世界纪录认定为世界上最长的昆虫个体。

🌿 小档案

名称：大佛竹节虫。

分类：竹节虫科佛竹节虫属。

分布：中国广西、越南等地。

食性：植食。

特征：身体长，呈褐色，外观像树枝。

吵闹的歌唱家——蝉

小档案

名称：蝉。

分类：半翅目蝉科。

分布：温带、亚热带地区。

生活环境：树木上。

特征：会发出响亮的声音。

蝉是一种在夏季非常多见的鸣虫。每到雨季，蝉就会大批钻出土壤，蜕皮羽化，飞到树上进行一场吵闹的"大合唱"。蝉的若虫生活在土壤里，依靠吮吸植物根部的汁液生活，等到夏天再离开土壤。蝉的羽化方式很奇特，会通过体液的压力将翅膀展开。如果中途被打扰的话，这只蝉就会永远丧失飞行能力。

蝉的口器是刺吸式的，由细长的食管和唾液管组成。

周期蝉

在蝉的大家族中，有一些蝉因为成虫生命期很短，因此演变出了很长的若虫期，这些蝉遵循非常严格的周期，每隔相同的年数羽化一次，以此来躲避天敌。

蝉的复眼不大，在头部两侧，视力非常好。

十七年蝉

北美洲有一种蝉会在土里生活17年之久，是若虫期最长的蝉。科学家认为，这种生活习性的出现，是它们为了延续种族而演化出来的。

雄性蝉的发声器在腹部，通过鼓膜震动发出声音。

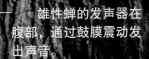

吵闹的歌唱家

雄蝉的腹部有发声器，即鼓膜。在发声时，鼓膜能够进行高达每秒 1 万次的振动，而蝉腹部的盖板不和鼓膜接触，中间的空隙会使声音产生共鸣，因此蝉能够发出非常响亮的声音。

格斗爱好者——蟋蟀

长长的尾巴

　　雄性蟋蟀的尾部长有两条长长的尾须，看起来非常飘逸。而雌性蟋蟀在两条尾须之间，还生有一条比尾须更长的产卵器。这是判断蟋蟀雌雄最直接的办法。

　　蟋蟀是一种极为常见的昆虫，早在一亿年前就已经生活在地球上。从古代起，"斗蟋蟀"这项活动就非常流行。不同种类的蟋蟀长相略有不同，但通常都有两条长须、富有光泽的身体和两只坚实有力的后足。蟋蟀的后翅非常发达，能够进行短距离飞行，但它们常用跳跃的方式逃离危险。

打架能手

　　雄性蟋蟀非常好斗。它们打架的理由非常多，比如争夺食物、争夺地盘或者巩固地位。

蟋蟀的复眼很大。

小档案

名称：蟋蟀。

分类：直翅目蟋蟀科。

分布：世界各地。

生活环境：土壤湿润的地方。

特征：有两条或三条"尾巴"。

蟋蟀的听
器在前足上。

发声器在前翅
上，通过摩擦发声。

 发声

　　雄性蟋蟀的右翅上生有一个锉一样的短刺，左翅上则有一个刀一样的硬刺。雄性蟋蟀就是靠不断摩擦这两个东西来发出声音的。雌性没有发声器，因此不会鸣叫。

泡泡爱好者——沫蝉

沫蝉是一种身体非常细小的昆虫。沫蝉的分布范围非常广泛，只要有植被覆盖的地方几乎就有它们的身影。沫蝉的若虫通常生活在植物根茎附近，啃食植物根茎，而成虫则会飞进稻田里，吸取叶片汁液。由于沫蝉会造成农作物的大片死亡，因此被视为农业害虫。

跳高世界冠军

沫蝉的后足肌肉非常发达，这使它们的跳跃高度达到 700 mm，而有些沫蝉的身长只有 3 mm，纵身一跃的高度是身长的 200 多倍，堪称"跳高世界冠军"。

爱吹泡泡

沫蝉的若虫能够将自身分泌的液体混合，再用腹部的特殊结构将液体吹成泡沫，这样既能维持自身的湿润，又能隐藏自己，防止被天敌发现。

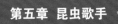

 小档案

名称：沫蝉。
分类：半翅目沫蝉科。
分布：世界各地。
生活环境：潮湿环境。

沫蝉的身体只
有3～6mm长。

沫蝉的后足发
达，爆发力极强。

 杀不尽的虫

沫蝉的繁殖期在6月，正
是稻田开始变绿的时候。它们
的繁殖能力很强，体形又很小，
难以被发现和捕捉。因此在农
民眼中，沫蝉就像"不死虫"
一样杀不尽。

 121

独特的语言

角蝉之间拥有一种独特的沟通方式：它们发出一种专属于角蝉的振动频率，依靠足下的植物茎叶传播，来与附近的同伴进行交流。

模仿艺术家——角蝉

头顶的角

角蝉的头顶长有像角一样的装饰物。这些"角"颜色各异，是角蝉用来模仿枯叶和树枝的"道具"，其名字也由此而来。

角蝉是角蝉科昆虫的统称，这个家族非常庞大，有将近 3000 种。角蝉科的昆虫大多有极强的拟态能力，将自己伪装成枯树叶或者植物的凸起以躲避天敌。角蝉喜爱居住在树木枝叶上，喜爱吸食树木的汁液，它们咬出的伤口会被真菌寄生，导致树木生病，因此角蝉科的昆虫被视为危害树木的害虫之一。

小档案

名称：角蝉。

分类：半翅目角蝉科。

分布：中国四川、广东、福建。

食性：植食。

特征：头顶有长长的角状凸起。

有两个单眼。

口器是刺吸式的，用来刺破树皮吸取汁液。

后足非常有力，在遇到危险时能够迅速弹跳逃脱。

角蝉的好朋友

角蝉有一个共生的"好朋友"，那就是蚂蚁。角蝉在吸食树木汁液后，会排出蚂蚁喜爱的蜜露。蚂蚁从角蝉这里得到食物之后，也会肩负起保护角蝉安全的责任。

123

音乐家——暗褐蝈螽

扫一扫

扫一扫画面，小昆虫就可以出现啦！

暗褐蝈螽属于蝈蝈的一个品种，翅膀长度超过体长。一般雌性身体大过雄性，雌雄身体颜色也稍有不同。暗褐蝈螽的叫声不比其他蝈螽优美，因为蝈螽在中国市场上是按照鸣叫声音的优美程度来分辨价格高低的，所以说暗褐蝈螽价格不高。蝈螽在中国的种类繁多，人们时常可以在树林里或草丛中听见它们的鸣叫。

美妙的音乐家

蝈蝈能够发出醇美响亮的声音，它叫过几声之后，便会连续地鸣叫，好像一个音乐家在演唱一首美妙的歌曲。它们的鸣叫声还会随着温度的变化而变化。

后足较为发达，有很好的弹跳力。

翅膀伸展出来时会超过身体。

咀嚼式口器，以小型昆虫与植物为食。

小档案

名称：暗褐蝈螽。

分类：直翅目螽斯科。

分布：中国。

生活环境：树林及草丛中，可人工饲养。

特征：体色通常为绿或褐色，条纹上布满褐色斑点，呈花翅状。

颜色变化

　　暗褐蝈螽有体色变化的特点，出生时大多是褐色，到三龄时期体色会产生分化，绿色成虫在这时开始变绿，而褐色成虫不变色，依然保持原色。

交配方式

　　暗褐蝈螽的雌虫一般找体形较大的雄虫交配，交配前雄虫会大声地鸣叫，之后雌虫的触角会与雄虫的触角对碰一下，好像在传递信息，触角对碰后才会把生殖器对接进行交配。

125

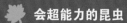

树上的银琵琶——梨片蟋

梨片蟋是一种鸣叫声音非常悦耳动听的昆虫。它们拥有嫩绿色的枣核形身体，头尾全都尖尖的。梨片蟋的前翅非常发达，能够进行远距离飞行，但后肢却非常弱，总是紧紧地贴在身体两侧，不擅长跳跃。梨片蟋喜欢生活在高大的树木上，平日里依靠体表颜色将自己隐藏在绿叶下面。

 怕雨又怕热

梨片蟋不喜欢潮湿，也不喜欢炎热。它们的孵化和羽化都需要气温适宜与空气干燥的环境。如果某一年的夏季雨水很多或者干旱酷热的话，梨片蟋的繁殖就会受到很大影响。

小档案

名称：梨片蟋。

分类：直翅目蟋蟀科。

分布：中国南部、印度、日本等地。

生活环境：森林。

特征：身体像树叶。

头部很小，只比前胸和背板前沿宽一点点。

前翅非常宽大，上面带有褐色的脉纹。

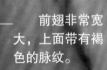

住在树上的蟋蟀

梨片蟋从产卵到羽化，一生都生活在树上。雌性梨片蟋会在树枝上咬出小孔来产卵，孵化出的若虫则在嫩叶下生活。

127

粮食杀手——大青叶蝉

大青叶蝉是叶蝉科的昆虫，也有人叫它大绿浮尘子、青叶跳蝉，分布十分广泛。别看它漂漂亮亮的，可祸害起果树林木和农作物时却毫不留情。

大青叶蝉头部背面有2个黑点。

大青叶蝉前翅绿色，尖端透明，后翅黑色，折叠于前翅下面。

危害症状

大青叶蝉的成虫和若虫会吸食植物枝梢、茎叶的汁液。它们还在果树上产卵。它们在秋末产卵的时候，就会用锯形的产卵器刺破枝条表皮，产6～12粒卵在其中，还会把卵粒排列整齐。这个时候小树就已经遍体鳞伤了，甚至会死掉。

繁殖规律

大青叶蝉一年发生三代，它们的卵在树木枝条或苗木的表皮下越冬。第二年4月下旬卵开始孵化，孵化出的若虫1小时后就能够危害农作物，并在这些植物上繁殖二代。到9月下旬，第三代成虫便飞到菜地危害农作物，10月中下旬开始飞向果园危害瓜果。

小档案

名称：大青叶蝉。

分类：半翅目叶蝉科。

分布：亚洲、欧洲、北美洲等。

生活环境：植物上。

特征：头部有2个黑点。

形态特征

大青叶蝉成虫能长到7 ~ 10 mm，有黄绿色的身体、黄色的头和黑色的复眼。大青叶蝉的卵长约1.6 mm，乳白色。大青叶蝉若虫共五龄，幼龄若虫是灰白色的，三龄以后呈黄绿色，胸、腹部背面还有褐色纵条纹。

歌唱家——斑蝉

群体庞大

斑蝉是一种群体庞大的昆虫，它的类型很多，不同的地区分布着不同的种类，不同的斑蝉形态以及颜色都有少量不同。

斑蝉是蝉科昆虫中比较漂亮的一种类型，主要分布于中国的广东、广西以及与中国临近的缅甸、印度等国家。由于分布的地区不同，斑蝉的种类十分复杂，但都能发出嘹亮的声音。

漂亮的外表

斑蝉之所以叫斑蝉，是因为它的外表有很多斑点，身体呈黑色，背板有黄色圆形的斑点，翅膀下端又有黄褐色的斑斑点，但腹部无黄色斑点。

身体宽短，体形较大。

复眼内有斑纹。

两翅展开有不同颜色的花纹，多呈长条状。

🌐 独特的"嗓音"

　　斑蝉属于蝉科昆虫，其翅膀能扇动极快，从而发出蝉鸣音，其发声器有特有的阻尼结构，所以能发出高低不同的声音，尤其在夏天，声音十分响亮。

🌿 小档案

名称：斑蝉。

分类：半翅目蝉科。

分布：中国广东、广西，缅甸，印度等。

食性：植食。

特征：身体黑色，上面有圆形斑点以及黄褐色斑。

轻功水上漂——水黾

水黾是一种生活在水面上的昆虫，总是安静地卧在水面上，等待猎物的出现。水黾的捕食范围很广，从掉落到水面的小飞虫到漂浮的死鱼、死虾，只要是出现在水面上的肉食都是它们的美味佳肴。水黾的足上有非常敏锐的感觉器官，能够帮助它们感受到水中昆虫的运动频率，这样它们就可以快速滑动，赶过去捕食猎物。

水黾的前足较短，用来进行捕猎。

吸食体液

水黾的足上长满了超疏水性的刚毛，这些刚毛能够阻挡水滴打湿水黾的足，帮助它们站在水面上，而不会沉到水里去。

 ## 超快弹射

水黾的足又细又长，当它们站在水面上时，它们的足能够排开自身重量 300 倍的水量，使它们在水面上能够以超高速度前进。

水黾的中足很长，用来在弹跳时进行驱动。

掉进水里会怎么样？

　　水黾一生都生活在水面上，它们不会在水中游泳，如果强行把一只水黾按入水中的话，它很快就会沉入水底。

后足最长，用来在水面滑行时控制方向。

身体腹面有一层防水的细密银白色绒毛。

🌿 小档案

名称：水黾。

分类：半翅目黾蝽科。

分布：中国华北、东部及南部地区。

食性：肉食。

特征：身体细长、腿很长。

水中人参——龙虱

小档案

名称：龙虱。

分类：鞘翅目龙虱科。

分布：中国广东、湖南、福建、广西、湖北等地。

食性：肉食。

特征：一对后足专门用来游泳。

龙虱，俗名水鳖，是鞘翅目龙虱科的昆虫，它既能游泳，又善于飞行，多生活在水草多的池塘、沼泽、水沟等淡水水域。龙虱是一种药食两用的昆虫，营养丰富，被誉为"水中人参"。

扫一扫

扫一扫画面，小昆虫就可以出现啦！

喜光的飞虫

龙虱能游善飞，生活于水草多的淡水水域，对水质的要求不是十分严格。幼虫成熟后钻入水边的泥土中化为裸蛹，半个月后羽化为成虫。龙虱成虫有很强的趋光性，当它们游到水面时，见到灯光便会向光源处飞行。

复眼突出。

功效

龙虱常被作为药材，有良好的抗疲劳功能，具有滋补的功效，对肾气亏损等症均有较好效果。龙虱还有美容护肤之功效，能使人精神饱满，面色红润。

有丝状触角。

头部略扁，头部缩入前胸内。

奇特的呼吸方式

龙虱的腹部长有两个气门，气管是贯通全身的组织。龙虱的鞘翅和腹部间储存着空气，空气中的氧气通过气管供给体内。当龙虱潜到水中时，就带着这部分空气，仿佛带着一个"氧气罐"。龙虱的气管同气泡内部相通，渗入气泡中的氧气会不断流向气管，供龙虱呼吸。

后足侧扁，有长毛，是游泳足。

腹部上面长有排气管的开口，叫作气门。

臭气专家——大田负蝽

大田负蝽又名大田鳖，成虫体长 60 ~ 70 mm，是一种攻击性非常强的大型昆虫。大田负蝽喜爱栖息在光线充足的水域，通常聚集在稻田或鱼塘之中，依靠强有力的前足来捕食鱼虾或者蛙类。

水田霸主

大田负蝽是绝对的肉食主义者，通常采用伏击的方式来捕捉水田中的猎物。等抓到猎物之后，大田负蝽会用镰刀状前足夹住猎物，再用唾液溶解猎物并吸食。

扫一扫

扫一扫画面，小昆虫就可以出现啦！

 臭味十足

　　称霸水域的大田负蝽在面临天敌的时候，也有非常强大的逃脱技能。它们的臭腺非常发达，在面临危险的时候，会喷出奇臭无比的液体，使捕食者立刻"倒胃口"。

 小档案

名称：大田负蝽。

分类：半翅目负子蝽科。

分布：中国及东南亚各国。

食性：肉食。

特征：头前有一对强有力的前足。

口很短，却非常强大。

两只前足呈镰刀状，能够捕食猎物。

触角隐藏在头部下面，从背面完全看不到。

后足上有游泳毛，能够用来在水中行动。

超强攻击力

　　大田负蝽的攻击力非常惊人，它们的唾液有能够溶解肌肉的能力。因此，如果一个人被大田负蝽咬上一口的话，不仅疼痛难忍，还会造成无法复原的伤口。

137

水生昆虫——划蝽

划蝽是半翅目划蝽科一类昆虫的总称。体长不足 13 mm，身体扁平光滑。黄褐色的底色上有类似斑马的条纹。后足桨状，使划蝽能够在水底活动。

触觉灵敏

划蝽常分布于池塘和湖边，在水面休息时能够感受到水面的波动，如果有东西扰乱了水的宁静，它们会立即潜入水中观察。

肉食主义者

划蝽以蝌蚪、小鱼和水生昆虫为食。游泳的动作急促、迅速。它与多数半翅目昆虫不同，取食时用匙状前足铲取藻类或其他小生物。

一般体形瘦长，头短。

划蝽一般附着在池底或河底植物上，靠身体周围和翅下储存的空气呼吸。

前足短。

🦋 自然界噪声之王

划蝽能够使用外生殖器官"唱歌"。从体长来看，划蝽仅是一种弱小的昆虫而已，但是千万不要被它们弱小的外表所蒙骗，它们可以用仅有头发丝一般纤细的外生殖器官"高歌一曲"，声音很大。

🌿 小档案

名称：划蝽。

分类：半翅目划蝽科。

分布：世界各地。

生活环境：水中。

特征：足的边缘有毛，后足像桨。

游泳冠军——豉甲

名称：豉甲。

分类：鞘翅目豉甲科。

分布：湖面或水塘等平静的水域。

食性：肉食。

特征：身体像豆瓣，呈黑色，有光泽。

豉甲由于体形小，像豆瓣，所以俗名叫"豉豆虫"。豉甲常常集群生活在水塘、湖等安静的水域，捕食落在湖面的昆虫和其他生物。它们有一上一下两个复眼，可以同时观察水面上和水面下的情况。当受到威胁时，它们会快速回旋游动。成虫受惊时会排出一种气味难闻的乳状液体，是它们的防御技能。

豉甲有蜡质的表皮。

豉甲有上、下两个复眼。

豉甲的前足长、中后足很短。

翅膀可以推动游泳。

科学价值

豉甲拥有坚硬不易弯曲的外骨骼，这使得它看起来更像一艘微型硬壳船。利用足部与翅膀产生的推进力，豉甲可以在水面快速旋转。根据豉甲这一特点，工程师们研制出多功能水陆两用车。

奇特泳者

豉甲是生活在淡水水域表面的昆虫，成虫多在夜间群集在水面游泳。它的前足虽然较长，但不是带有长毛的桨状游泳足，中后足短小而扁，末端呈钳状，所以只能在身体腹面进行微小的搅水运动，使水中出现旋涡带动虫体旋转。

生长方式

雌虫产圆柱形卵于水中植物上，化蛹期幼虫出水，背朝下用钩挂在岸边植物上，以污物和睡液作蛹。

141

蝎蝽科害虫——水螳螂

小档案

名称：中华螳蝎蝽。

分类：半翅目蝎蝽科。

分布：中国。

生活环境：水中。

特征：有两只镰刀状的捕捉足。

水螳螂中文学名是中华螳蝎蝽，也叫螳蛉蝽，是半翅目蝎蝽科害虫。水螳螂属肉食性昆虫，强而有力的镰刀状前足是它的常用武器。它主要以守株待兔的方式捕捉小鱼、小虾、蝌蚪等生物，再以刺吸式口器吸食猎物的体液。

头部细小，复眼发达。

水螳螂的足特别细长，镰刀状捕捉足非常发达。

翅膀可以推
动游泳。

科学价值

　　豉甲拥有坚硬不易弯曲的外骨骼，这使得它看起来更像一艘微型硬壳船。利用足部与翅膀产生的推进力，豉甲可以在水面快速旋转。根据豉甲这一特点，工程师们研制出多功能水陆两用车。

 ## 奇特泳者

　　豉甲是生活在淡水水域表面的昆虫，成虫多在夜间群集在水面游泳。它的前足虽然较长，但不是带有长毛的桨状游泳足，中后足短小而扁，末端呈钳状，所以只能在身体腹面进行微小的搅水运动，使水中出现旋涡带动虫体旋转。

生长方式

　　雌虫产圆柱形卵于水中植物上，化蛹期幼虫出水，背朝下用钩挂在岸边植物上，以污物和睡液作蛹。

蝎蝽科害虫——水螳螂

小档案

名称：中华螳蝎蝽。

分类：半翅目蝎蝽科。

分布：中国。

生活环境：水中。

特征：有两只镰刀状的捕捉足。

水螳螂中文学名是中华螳蝎蝽，也叫螳蛉蝽，是半翅目蝎蝽科害虫。水螳螂属肉食性昆虫，强而有力的镰刀状前足是它的常用武器。它主要以守株待兔的方式捕捉小鱼、小虾、蝌蚪等生物，再以刺吸式口器吸食猎物的体液。

头部细小，复眼发达。

水螳螂的足特别细长，镰刀状捕捉足非常发达。

水螳螂的危害

水螳螂以水中的昆虫、小鱼、小虾等为食，用刺吸式口器来吸动物的体液。它是控制蚊子数量的重要角色，即便如此，如果水螳螂数量太多，也会破坏水中的生态平衡。

翻脸无情

水螳螂是肉食性动物，它的腹部很肥大。每到繁殖期的时候，雌性水螳螂会在交配完毕后吃掉雄性水螳螂，所以水螳螂也是"翻脸无情"的高手。

行走的镰刀

水螳螂最大的特点是它的胸前有一对镰刀状的捕捉足，可以折叠，伸展开时可以捕捉猎物。这让动起来的水螳螂看起来就像扛了两把巨大的镰刀。

图书在版编目（CIP）数据

会超能力的昆虫 / 韩雨江，陈琪主编. -- 长春：
吉林科学技术出版社，2023.8
（昆虫世界大揭秘）
ISBN 978-7-5744-0041-2

Ⅰ．①会… Ⅱ．①韩… ②陈… Ⅲ．①昆虫—儿童读
物 Ⅳ．① Q96-49

中国版本图书馆 CIP 数据核字 (2022) 第 234798 号

KUNCHONG SHIJIE DA JIEMI HUI CHAONENGLI DE KUNCHONG

昆虫世界大揭秘　会超能力的昆虫

主　　编	韩雨江　陈　琪
出 版 人	宛　霞
责任编辑	马　爽
助理编辑	宿迪超　徐海韬
封面设计	长春新曦雨文化产业有限公司
制　　版	长春新曦雨文化产业有限公司
美术设计	孙　铭　徐　波　于岫可　付传博
数字美术	贺媛媛　付慧娟　王梓豫　贺立群　李红伟　李　阳
	马俊德　边宏斌　周　丽　张　博
文案编写	惠俊博　辛　欣　王　杨　冯奕轩

幅面尺寸	210 mm×285 mm
开　　本	16
印　　张	9
字　　数	200 千字
印　　数	1-6000 册
版　　次	2023 年 8 月第 1 版
印　　次	2023 年 8 月第 1 次印刷
出　　版	吉林科学技术出版社
发　　行	吉林科学技术出版社
地　　址	长春市福祉大路 5788 号
邮　　编	130118
发行部电话 / 传真	0431-81629529　81629530　81629531
	81629532　81629533　81629534
储运部电话	0431-86059116
编辑部电话	0431-81629518
印　　刷	吉林省科普印刷有限公司
书　　号	ISBN 978-7-5744-0041-2
定　　价	88.00 元